北京华景时代文化传媒有限公司 出品

识人攻略

高手都在用的30个
职场锦囊

熊太行 著

北京联合出版公司

图书在版编目（CIP）数据

识人攻略：高手都在用的 30 个职场锦囊 / 熊太行著. -- 北京：北京联合出版公司，2023.10
 ISBN 978-7-5596-7210-0

Ⅰ.①识… Ⅱ.①熊… Ⅲ.①成功心理—通俗读物 Ⅳ.① B848.4-49

中国国家版本馆 CIP 数据核字（2023）第 165618 号

识人攻略：高手都在用的 30 个职场锦囊
作　　者：熊太行
出 品 人：赵红仕
责任编辑：周　杨
封面设计：青空工作室
责任编审：赵　娜

北京联合出版公司出版
（北京市西城区德外大街 83 号楼 9 层 100088）
北京华景时代文化传媒有限公司发行
北京中科印刷有限公司印刷　　新华书店经销
字数 150 千字　　880 毫米 ×1230 毫米　　1/32　　8.25 印张
2023 年 10 月第 1 版　　2023 年 10 月第 1 次印刷
ISBN 978-7-5596-7210-0
定价：58.00 元

版权所有，侵权必究
未经书面许可，不得以任何方式转载、复制、翻印本书部分或全部内容。
本书若有质量问题，请与本公司图书销售中心联系调换。电话：（010）83626929

推荐序

柳暗花明又一村

熊太行老师总是能把人从困惑中捞出来。

这本书主要帮大家解决两个困惑：他想干什么？我该怎么办？

几乎每个人都曾经或者正受困于他人的言行，临场之时，检索脑中学过的人际交往公式，发现自己总是"一学都会，一用就废"。

熊老师捕捉到了大家的学习难点，所以写了这本书。

《识人攻略：高手都在用的30个职场锦囊》是得到App"关系攻略"课程2022年升级的部分，副标题叫"职场中的30张脸"。我原以为有"关系攻略"和"职场关系课"两门课程在前，熊老师已经把人际关系中的原则、公式、应用题全部讲完了，看了对这30种职场面孔的拆解才发现，实战中的打法相当精妙。

当项目审批流程卡在财务上时，对方公事公办，死板地坚持流程，寸步不让。难道是我平时得罪过财务，他要公报私仇？还是领导给我穿小鞋，由财务来执行？

熊老师的看法是，公事公办有真有假，放下情绪，减少怀疑。

确实，草木皆兵容易冤枉好人。当我们看懂了对方的处境，对对方恶意的猜疑会随之减少，人也会变得平和。

类似的职场面孔在这本书里有 30 个，分门别类，"正常"的、套路的、反常的，一目了然。

爱讲大道理的人，有真君子也有假卫士；

冷淡、不爱理人的家伙，有的是害羞，有的是害人；

赤裸裸谈利益的人，做同事可以，做下属不行。

熊老师从浅层社交入手进行分析，让每个读者都能像孙悟空一样，看清楚每一种职场面孔背后到底是什么样的人。他不但教你识破职场上常见的 30 种人格面具，而且耐心梳理每个面具背后的动机，进一步给出行动建议。

他授之以鱼，也授之以渔。

教授社交技巧是这本书的明线，这本书还有一条暗线，那就是如何与不同性格的好人做朋友。

我们既要防备坏人，也要善待好人。

孙悟空和猪八戒互相看不顺眼，老爱拌嘴，但他们两个都认同西天取经的目标，知道赶路要紧，这一点足以让他们团结、交心，他们就是兄弟。

孙悟空和菩萨、唐僧一样，都保护好人、降妖伏魔，因此孙悟空能够信赖这两位领导。

好人之间也要调低对对方的期待，孙悟空知道土地公只能指指路、讲讲妖怪的来历，所以遇到大事不找他，遇到小事就问问他。

职场上对待八戒、唐僧、菩萨和土地公这些不同的人，也要采用不同的策略。

熊老师这本书里讲的识人策略，和过往讲过的所有策略有一个共同之处——先进行识别，再决定"攻守策略"。

我们要识别伤害，也要识别保护与助力。在这本书的引领之下，坚守善的底线，你在临场应对时会变得十分笃定，既能识破对方的"糖衣炮弹"，也能避免错判好人。

人生道阻且长，看完这本有术也有道的书，相信你会变得更温柔，也会变得更强大。

罗振宇

序言

送你一双"火眼金睛"

我非常喜欢《西游记》,作为一个出生于20世纪80年代的中国人,我和孙悟空这个形象一起长大。猴哥神通广大,会七十二变、腾云驾雾,有三头六臂,能刀枪不入。

童年的我们都喜欢这些最热闹、最花哨的技能,直到中年再看孙悟空,才明白他最有价值的不是这些厉害的本事,而是他的那些经验、阅历,也就是我们常说的"火眼金睛"。

孙悟空看人好厉害!

瞄一眼姑娘、老头儿、老太太,就知道是妖怪假扮的;一见到公主,就知道她是假的;看到女王陛下,就知道她心肠不坏,就是有点花痴,非要和师父谈对象。

他是怎么做到的?

可能你会说,因为他是神仙,自然神通广大。这还真不对,孙悟空识人的本事,是在几百年里慢慢修炼出来的。

他说服猴子们,成了他们的王;他摇着木筏子过海,在人海中流浪;他学人说话、穿衣,讲礼貌;他说服须菩提祖师,成了其弟子;他哀求观世音菩萨，把他从五行山下放出来。

走上取经之路后，孙悟空一点点地修炼自己处理人际关系的能力。

他委曲求全，变得圆滑了，师父说要救老鼠精，那就救吧；他学会了求助别人，师父赶他走，他不回花果山了，而是去菩萨那里寻求支持；他对那些摸鱼的同事也更客气了，不再把八戒哄进妖怪嘴里，而是利用八戒愿意出力气、干重活的特点，让其去下水、去开路……

孙悟空知道谁能帮他、谁能收拾他、谁能救他，也知道谁是敌人、谁是对手，谁可以争取、谁是盟友。

每一张凑过来的脸，他看一看，就知道对方是什么角色；每一阵刮过来的风，他闻一闻，就知道对方是哪路邪祟。

谁不想有孙悟空这样的火眼金睛呢！尤其是在职场上，**魑魅魍魉**实在太多了！有的人一张笑脸，笑里藏刀；有的人看起来铁面无私，背地里全是阴谋诡计；有的人一张口就是大道理，背地里却打着小算盘。

认清敌人、看准目标，金箍棒才能打下去，三头六臂才有施展余地。

我 2016 年 12 月开始在"得到"App 上更新"关系攻略"，现在这门课程已经有超过 20 万付费用户，算上分享、传阅的，应该已经帮了上百万人。我讲了很多人际关系方面的知识点，把它们掰开揉碎，希望能帮大家更好地理解、吸收。但还是有读者朋友说，"熊师傅，学完的当下感觉自己会了，但是一到用的时候就想不起来"。

我仔细研究了一下，跟很多读者聊过之后，明白了问题所在。我虽然在课程中拆解了人际关系的场景，但是现实中的人际关系，尤其是最难处理的冲突，需要的是快速应对。

复盘冲突场景的时候，我们使用的是全景、全能、全知的"神仙模式"，但在发生冲突的当下，每个人都是第一人称模式。

在这种模式下，我们需要识别和应对的，是一张张的人脸。你必须通过眼前的这张脸快速判断出这个人是敌是友，什么来意，他的表情和言语背后隐藏的真实目的是什么。

冲突的快速应对之道，就是看脸识人。这本书就是教大家快速识别、快速应对，就像拳击手的实战练习，一旦形成了肌肉记忆，对手一拳过来，根本不需要思考，身体就能直接做出回应。

这本书是人际关系的堂堂之阵，它能帮你躲开一切耳目、心机和诡计，一点也不会有损你书架的格调，也请你大方地把它推荐给你的亲戚、朋友，让他们也能从中获得力量，练就属于自己的"火眼金睛"。

熊太行

CONTENTS/ 目录

Part 1 "正常"的人：细心区分其中的反常之人

公事公办的人：如何对付职场上的推脱者 … 002

爱讲大道理的人：一定是稳重的忠臣吗 … 009

有道德洁癖的人：人品更值得信赖吗 … 016

神色为难的人：还能为我所用吗 … 024

宣誓效忠的人：会不会有背叛风险 … 032

冷淡的人：可能是个热心肠吗 … 039

Part 2 爱用套路的人：熟练掌握应对他们的方法

号称为你冒了险的人：要小心提防 … 048

爱贬低别人的人：这就是传说中的"PUA"吗 … 055

常说"为你好"的人：是好师父还是玩套路 … 062

势利的人：如何与他们相处 … 070

爱恭维和套近乎的人：到底图什么 … 078

万事先求人的人：要和他们尽快"切割" … 086

爱传流言闲话的人：如何避免被这种人中伤 … 094

Part 3 反常的人：不要被他们激怒，然后再反制

赤裸裸谈论利益的人：可以信任吗 … 104

爱卖惨的人：到底有什么目的 … 112

喜欢夸夸其谈的人：为什么不能委以重任 … 120

缺乏教养的人：如何打击他们的嚣张气焰 　　128
易怒的人：最不可怕的就是这些家伙 　　136
过度自恋的人：不要被可气之人轻易激怒 　　144

Part 4 复杂的人：如何与多变的人相处

喜怒不形于色的人：一定是天然的领导者吗 　　154
不惹事不怕事的人：为什么不应该和他做敌人 　　161
假装闲云野鹤的人：把他的利欲熏心揪出来 　　169
爱揣摩领导意图的人：怎么防怎么用 　　177
被下属爱戴、敬佩的人：一定要敬重 　　185

Part 5 友善的人：不妨试试和这些人接近

职场中的"好学生"：为什么被逼急了反击起来特别可怕 　　194
人际关系里的鹰派守则 　　202
人际关系里的鸽派守则 　　208
强硬而守规矩的人：鸽派的榜样和挚友 　　213
温柔体谅的人：鹰派的刹车和辅助 　　220
职场中的"交际花"：社恐人不妨交一个这种朋友 　　227
真佛系的人：你的朋友里一定要有个单纯的人 　　235
为人民服务的人：提供价值才是我们成长的终极目标 　　242

"正常"的人
细心区分其中的反常之人

看似正常的面具后面不一定是正常的人,把反常之人从正常的面具后面认出来,是职场上的自保之道。

公事公办的人：
如何对付职场上的推脱者

你可能遇到过这样的场景，一个原本熟悉的同事，而且你觉得你俩关系还不错，但有时在工作对接的时候，对方突然就用公司里的规章制度卡你。

"哎呀，不行，你这个合同里的条款不符合咱们公司的规定。"

"你这个报销没有走正常流程。"

"付款的程序有问题，咱们公司没有类似的先例，我不能签字。"

曾经有人就遇到过这样的事，她跟我说：

"之前那个大姐和蔼可亲，还经常跟我有说有笑的，突然她抠起规章制度，板起脸来不认人了，把我训了一顿。我看着她的脸，觉得人性真的太复杂，一个人怎么可能有两张脸？她的哪一张脸是真的？我回到自己的工位上，一下子就哭了出来。"

情绪崩溃回到自己工位上哭，肯定是会影响工作的，也是不够职业、不够成熟的表现。但是，突然遇到熟人摆出一张公事公办、铁面无私的脸，感到惊诧也在情理之中。如果对方态度再粗暴一点，别说职场新人，就算是深受尊重的"老江湖"，可能也会大受打击。

那么，这些人真的像看上去的那样大公无私吗？应该如何对付这种公事公办的人呢？

什么是公事公办

首先我想请你思考一件事：什么是公事公办？

公和私，就是从谁的利益出发来做决定。

一个人如果从公司的利益出发来行事、来做决定，他就是公办；如果他是考虑了个人或者小团体的利益来做决定，那他就是出于私心。

很多人可能会觉得，死抠字眼、抱着规章找瑕疵，这不就是认真负责、大公无私吗？其实不是。因为即使是再刻板的制度、要求再严格的公司或者其他团体，在现实中也会给办事人员一些自由裁量权。如果一个岗位完全没有任何权限，那他一定会很快被机器或者软件系统所取代。

不过，任何自由裁量权都伴随着风险，因为不同的选择会带来不同的结果，你无法保证每个选择都能带来好的结果。

对于公司来说，肯定希望每个员工都能利用自己的智慧和经验，在职权范围内做出最有利于公司的决定。但是，对员工个人来说，他们则倾向于把每一件工作的风险都降到最低，以免自己受到损失。

这里就需要引入"利益接合部"这个概念了，其实就是双方之间的利益缝隙。事物需要接合的部分往往是其最薄弱的地方，就像鞋子容易坏的地方，一般都是鞋底和鞋面的接合处。

双方的利益接合部越大，利益一致的地方越少。反之，如果双方的利益接合部越小，共同利益越多。

如果员工和公司之间的利益接合部太大，一件事有利于公司，但可能给员工自己带来风险，那就有一部分人会用规章制度当挡箭牌，毫无作为。

许多看起来公事公办的人，其实并不是大公无私，而是职场上的推脱者。他们失去了对公司的忠诚，只是为了尽力保住自己的位子。

所以，当你在公司里遇到"公事公办"的人，并且碰了一鼻子灰的时候，别急着去贬损自己、反思错误。你要先判断一下对方到底是职场上的推脱者，还是真的在公事公办。

如果你不去仔细鉴别，那你的应对很可能就是错误的。你可能会把一个值得合作的人变成你的敌人，也可能会把一个人品低劣、毫无担当的人变成你的伙伴。

所以，一定要记住，职场上的"公事公办"有真也有假。

• 学会判断对方是不是推脱者

怎么去鉴别职场上的推脱者和忠于职守的人呢？

区分两者的重点是看对方有没有担当，也就是其对公司的忠诚度和责任感。

要检验出他们身上有没有这种品质其实并不难。教你一个大招，叫作求助。

比如，你可以这样问对方：

"那您觉得，我这个方案或者合同该怎么改进呢？"

"有没有类似的先例，能给我参考一下呢？"

一个真正为了公司利益考虑的人，是不会排斥帮助你改进工作的。但是，推脱者则会因为事不关己，往往用一句"不知道"来拒绝你的求助。

不过，这里会有一个小陷阱，需要你仔细识别，那就是他们表现出来的态度。

一个推脱者可能是和风细雨打软太极的高手，甚至是受同事欢迎的人。而一个忠于职守者可能态度上并不友善，尤其是当他占理，而且认为你的工作有所疏忽甚至别有用心的时候，他可能会特别粗暴。

所以，放下情绪，是成为职场上的成年人，成为职场"玩家"的前提。有些人一辈子都学不会放下情绪，在职场上是走不远的。所有的情绪，都应该是你理智的工具，是你向别人施加影响的手段。

真正忠于职守的人，看到你的诚意求助或请教，一定会出手帮助，或者给一些提示的。

如果你极尽诚恳，对方就是不教你改进工作的方法，也不告诉你为什么不行，只是一味地说"不知道"，那不用怀疑了，他就是一个推脱者。

• 如何对付推脱者

你已经了解推脱者和忠于职守者的区别，那么怎么对付职场中的推脱者，能帮助你有效开展工作呢？

首先，你要知道，推脱主要有四个原因：害怕担责任，无利不起早，显示存在感，给你下马威。知道了原因，就可以对症下药。

应对第一种情况，面对推脱者因为担心有风险，不敢做决定的时候，你可以根据对方的顾虑，调整方案，完善方案的细则，做到让对方无话可说。还有一种策略是，可以请对方的领导或者你的领导出面去协调。

当遇到第二种情况时，很多人可能认为请对方吃饭，给他送礼就可以了。

但是这种利益诱惑太直白，也太冒险，而且对方也未必看得上。

其实还有另外一个办法，就是分享成绩。如果一个项目可能带来名声或者业绩上的好处，那让对方分享成功的收益，然后再要求他承担风险，就合情合理了。

推脱者不是完全不愿意承担任何责任，很多人只是觉得为别人的事情冒险不值，如果这件事成了他们业绩的一部分，他们可能就会答应这件事。

当然，你要计算一下这些收益够不够分。有的时候要把事情做成，就得多拉进来一些人，尤其是那些你不拉他们就可能把事情搅黄的人。

而第三种情况，有些推脱者的能力平平，为了保住自己的位子，显示自己在努力，他们会尽可能地为难你，对你的工作指手画脚。应对这些人，戴高帽子是最好的办法，多去称赞对方的专业性，让对方高抬贵手。

最后,面对故意给你下马威的推脱者,我们又该如何应对呢?

有些人对职场的认识有偏差，往往把职场看成是权力场，遇到新的伙伴或者对接者，他们会试图控制对方，给对方一个下马威。这种人战斗力极强，而且不太讲理，往往在你占理的时候，他还能讲出歪理来。

对这种人要"两条腿走路"，工作的时候，要据理力争。对自己的工作可以做细枝末节的调整，但一定不能顺着他的意，拜倒在地。但是在工作之外，可以采用一些展露善意的小动作，比如送点小零食、小礼物，降低对方对你的攻击性。

我们在现实中遇到的推脱者，往往不是基于纯粹的某一种原因，他们推脱的原因可能包含我们刚刚讲到的好几种，这时也不要担心，把一整套对策的组合拳打过去，就可以完美破解了。

总结

- 许多看起来公事公办的人，其实不是大公无私，而是职场上的推脱者。
- 当你第一次遇到公事公办的人时，不要急着去激化矛盾，先采用求助策略，看清楚对方到底是一个忠于职守的人，还是一个推脱者。
- 推脱主要有四种原因：怕担责、要利益、刷存在感、给下马威。你要根据不同的原因，选择单一或组合的应对办法。

爱讲大道理的人：
一定是稳重的忠臣吗

有这样一种人，他们说出口的话好像都对，但是特别让人扫兴。别人都在嘻嘻哈哈的时候，只要他一出现，所有的玩笑、诙谐，都会烟消云散。

前一秒还在插科打诨的各位同事，突然之间要么低头喝茶、要么埋头吃饭，如果人在工位上，就会拼命敲打键盘。为什么气氛一下子变得这么凝重呢？因为一个爱讲大道理的人，出现在了大家面前。工作之余，这种人会给人极大的压迫感。

不理他，好像是在孤立他，你觉得有失礼貌，但只要给他一个话茬，那让人窒息的大道理就会扑面而来。比如，你在跟同事聊明星的绯闻，他会说：

"你们聊的这种八卦，没有什么现实意义。"

你在跟同事抱怨家里催婚，他会说：

"年轻人还是应该早点结婚，家庭是生活幸福中最重要的部分。"

听得你尴尬癌都要犯了,感觉这个人太虚伪。但是,有的领导却非常喜欢他,觉得他稳重、忠诚。

这种人除了爱说教,似乎没有什么坏心眼,但相处起来又让你觉得别扭。那么,在职场上,应该怎么跟这种爱讲大道理的人相处呢?他们到底是稳重的忠臣,还是鸡贼的伪君子呢?

• 方正君子还是德之贼也

爱讲大道理的通常是什么样的人,自古以来就有争议。比如孔子曾经说过:"乡愿,德之贼也。"

乡愿,就是指貌似忠厚老实,其实虚伪透顶的人。孔子对这种用忠厚老实的外表来欺世盗名的人非常不屑。他认为,与其和这些为了讨好世人,假装道德高尚的乡愿为伍,还不如结交几个性格孤僻、高傲却正直的人。

孔子提到的乡愿,就长着一张爱讲大道理的脸。这种人沽名钓誉,追求领导的喜欢和舆论的青睐。他们所有的言行,都是为了讨好对自己最有利的人,并用道德去苛责其他人,道德绑架是他们的惯用伎俩。

但爱讲大道理的人不一定都是乡愿,现实生活中,一些人的性格比较单纯、心智比较幼稚、成长环境比较单一,从小被家长管得比较严,也可能变成一个爱讲大道理的人。

简单地把所有爱讲大道理的人都斥为虚伪者或者乡愿,一定会错怪好人。其至，有些爱讲大道理的人可能是方正君子，他们虽然爱讲大道理，但讲出来的道理自己都能严格遵守。

你可能会说，错怪一两个好人，也没有什么损失，毕竟我规避了接纳坏人的风险。

如果对方是你的相亲对象，或者是个路人甲，错怪几个人确实没有什么重大损失。但是，如果在职场上，尤其是在一些人员流动比较小的工作环境中，你跟对方经常要见面，这个时候，就必须对爱讲大道理的人加以区分。

那么，到底要怎么区分呢？其实并不难。判断一个人是敌是友，可不可交，关键不在于他怎么说，而在于他怎么做。不要不加鉴别地把所有爱讲大道理的人都当作伪君子，而要看他们具体的行为。

如果一个爱说教的人只是用道德来苛求别人，自己却没有什么道德原则，这个人就是表里不一。

• 讲大道理是一种自保的手段

爱讲大道理的人还有一种情况，那就是这个人戴着暂时性的社交面具。这个面具不是他的本来面目，而是他采取的一种生存策略。有两种人可能会采取讲大道理的方式来改善自己的处境，这两种人在职场上混得都不算好。

第一种是因为处境不佳而缺乏盟友的人，大道理是他最后的"铠甲",希望用规则来捍卫自己的利益。你可以想想,之前在职场上或者生活中遇到的人,有些人对别人的道德要求特别高,还喜欢张口提一些大词,其实他的人际关系已经岌岌可危,很难得到别人的支持了。

第二种就是一些不擅长处理人际关系的人。这些人往往会觉得获得身边人的支持是一种负担,也是一种损耗。他们喜欢说"我不擅长处理人际关系"。因为觉得社交是负担,就希望用大道理来维护自己的利益。

无论是第一种还是第二种,以讲大道理为生存策略的人,都是遇到了麻烦的人,和他们相处要特别注意。

尤其是第二种人,经常会做一些"帮理不帮亲"的事情,担心帮了朋友会连累自己,也担心被朋友帮助而欠了别人的人情。

比如,电影《教父》中有一个殡仪馆老板,就是第二种人。这个殡仪馆老板遇到困难,没有求助老教父,而是寻求美国法庭的保护。但他这么做,并不是因为他相信只有用法律手段解决问题才是正确的,而是因为他不想欠教父人情。后来法庭没能帮到他,他就果断去求助教父了。

你看,即便嘴上说得冠冕堂皇,但讲大道理的人,如果关心的不是道理本身正不正确,而是道理能不能维护自身的利益,那么,道理对他们来说就只是一件工具,可以被替代。当不讲道理更能实现这些人的利益时，他们就可能蛮不讲理。

这些人大多数是弱者，他们的做法多少都有一些被动的苦衷，但下面这种爱讲大道理的人，就不那么被动了。

• 输出价值观是获得权力的一种方式

职场中的另外一些人讲大道理，是为了控制别人。这种角色往往处境比较好、地位比较高，在一个团体里甚至可能会受人尊重。他们并不直接主张自己的利益，也没有直接在职场上拍板的能力，但是他们通过对年轻同事输出价值观来获得某些隐性的权力。

《编辑部的故事》里有一位牛大姐，这个角色就是用讲道理的方式来控制别人的高手。牛大姐心肠不算坏，但往往会直接粗暴地对年轻同事输出价值观，去评点他们的所作所为。

用讲大道理的方式来输出价值观，从而给他人造成舆论压力，进而使别人按照自己的想法行动，或者在职场上对自己有所忌惮，就是这种角色打的如意算盘。

这种人一定会选择批判身边的人，而且是从一些无关紧要的小事入手。比如，他们会说"你这个年轻人的裤脚太大，发色太黄，爱听摇滚乐，爱吃肉不爱吃菜"，等等。明明是个人偏好，他们却要上纲上线、强行拔高，用大道理去压你，成心想让你不舒服。

为这点事情去跟他吵，他就会一副特别无辜的样子："哎呀，这么点小事你怎么就急了？"

如果你为了回避争吵，开始改变自己的行为习惯，那你就着了他的道儿。

他就是为了让你在以后做出更重要的决定时，会不愿意违逆他，不敢跟他起冲突。你改变自己看似无关紧要的生活细节，就是他获得权力、对你实行掌控的开始。

这些人往往会把自己包装成心直口快的人，常见的话术就是："哎呀，你看我说话就是这么直。"这话倒也不一定就是撒谎，因为有些人并不知道这么做能控制别人。但是，他从小就从这样的做法中获得过好处，尝到了甜头，长年累月也就养成了习惯。

• 如何应对爱讲大道理的人

首先，对戏精附体的伪君子，你要尽量避免被他抓住把柄，在道德上谴责你。

其次，对用讲大道理的方式自保的人，要尽量避免成为他的同盟，不上"贼船"。但是，对性格幼稚、单纯的好人或者方正纯良的君子，可以用更宽容的心态与他们友好相处。

最后，对那些习惯用大道理来控制别人的角色，要多提醒自己不要被他驯从，保持独立。

有的时候，遇到讲大道理的面孔，确实很难憋住火，因为爱讲大道理的人，话是又密又多。但还是请你控制一下自己，作为一个高阶的关系修习者，你要对自己有更高的要求。大道理和小情绪，就像是职场上的枪林弹雨，与其畏惧不前或者暴起死磕，不如把精力聚焦在更值得关注的事情上。

我们在职场上更值得关注的是什么？不是对方怎么想，不是对方怎么说，而是对方怎么做，也就是行为。

猜对方怎么想，气恼对方的言语，都是职场人常犯的低级错误，试着收拢自己的注意力，考虑对方每个行动，尤其是每个和你相关的行动，对你是好是坏，才是你采取下一步动作的关键。

不要跟他在嘴上分胜负，而是要跟他在事上见真章。

总结

- 爱讲大道理的人可能令人扫兴，但不一定有坏心。从他的言行是否一致去判断好坏会更准确。言行一致的方正君子，可以好好相处。
- 言行不一致的人通常有3种：戏精上身的伪君子、处境不好的人，还有上纲上线的控制狂。你要区别应对，重在提防。
- 不要跟爱讲大道理的人争论，把事情做好才是最好的做法。

有道德洁癖的人：
人品更值得信赖吗

在职场上或者日常生活里，你跟别人交流时，可能都会遇到一个难点：如何选择话题。

如果只是日常寒暄，为了避开冒犯别人的风险，最好的做法当然就是聊聊天气怎么样、哪家的拉面比较好吃这类无关痛痒的话题。

但是，如果你需要和别人深入交流，或者打算跟别人一起合作，做点重要的事情，双方需要建立信任关系，那就会牵涉到价值观的交换。

你跟对方的话题会不可避免地涉及道德原则、公序良俗。你们需要触碰这些话题来了解彼此、达成共识，进而判断可不可以共处。

但是，有那么一类人满脸写着道德洁癖，他们不想跟你深入交流，也不会试图理解不同人的处境，而是热衷于做简单粗暴的道德评判。比如，金庸小说里的灭绝师太就是这样的人，她不关心张无忌和其他女性真正的关系是什么，在她眼里张无忌就是"魔教的淫徒"。

被这种人挑衅时，如果激烈反驳似乎显得你没有风度，但是不反驳又很让人窝火，到底应该怎么办呢？这种人在道德上真的就更高尚吗？

● 道德洁癖的本相是标榜者

有道德洁癖的人往往是标榜者。当然，爱聊道德话题的人，并不都是有道德洁癖的人，也有可能是学校里教道德、哲学的老师。

据我观察，道德洁癖的人主要有下面几个特征：

喜欢批评世风日下；喜欢争论并说服他人；喜欢用道德问题来解释世界；强调自己的道德水平高于常人；把一些规则当作铁律，并且随时准备为此跟人翻脸。

标榜者谈论道德话题的终极目的，不在于用交流寻求共识，而在于用言语打压其他参与讨论的人，显得自己在道德上高人一等。

这种人的逻辑往往是：虽然社会很乱，但我这个人行得正、坐得端，所以我是个可以信赖的人。标榜者并不真的关心社会风气怎么样，他们的立论一般从"世风日下"开始，到标榜自己"独善其身"结束。注意了，标榜者的目的是抬高自己，其他人的道德水平究竟怎么样，对他来说不重要。

标榜者是低成本甚至零成本伪造社交地位的高手，普通人为了获得别人的好感，要么会付出一些物质上的代价，要么就是用实际行动来帮助别人。

标榜者不会为了自己标榜的道德原则付出实际的成本，他们只是通过强调自己道德高尚、疾恶如仇，来获得别人的青睐。简单说就是，只想空手套白狼，动嘴皮子可以，但没有实际行动。

除了追求道德上碾压别人的优越感，他们往往还别有所图。

• 查验标榜者的试金石

我们日常谈论的道德话题，这三种最多：关于钱的话题、关于两性的话题和关于弱者的话题。这是大多数人都可以加入讨论的话题，用一个成语来说，就是"下里巴人"，门槛很低。

讨论一个人不应该偷逃税款、借钱应该还，明星应该尊重婚姻、遵守私德，应该对弱势群体伸出援手，这都是日常生活中已经有了定论的正确话题。

普通人交流社会上的热点话题，一般讨论到这里，就算是完成了表达和意见交换。但是标榜者到这里还没有完，他们一定还会把下面的话说出来：

我这个人在钱上干干净净，我这个人在两性方面洁身自好，我这个人对穷人的苦难没法扭过头去。

其实标榜者根本不比你高尚。他们塑造高尚人设，就是为了接下来的"传道"行为。标榜是为了让你信赖他的人品；而"传道"，则是希望用他的道德条框来对你加以控制。

你可能会说："他能控制我什么呢？"

如果一个人可以影响你，让你读什么书、看什么电影、浏览什么网站，那他对你的影响就不小了，这是一种社交层面上的控制。

如果他是你的同事，那你基本无法在职场上对抗他，只能追随他的阵营；如果他是你的朋友，你就可能会陷入糟糕的投资陷阱，甚至直接把钱交给他、蒙受损失。

有些人可能会遇到这样的情况，家里的长辈受到哪个老姐妹的忽悠，被骗了很多钱，如果你有机会去看看那个忽悠人的人，一般都是夸耀自己人品、控制力量很强的标榜者。

不要轻视标榜者的满嘴跑火车，他们确实是带着目的来的，要么想要"收割"你的钱财，要么想要控制你的生活，所以他们才有这么强的战斗力。

• 标榜者的认知谬误

当然，标榜者也不全是坏人。

我曾经和我的一位朋友谈到过标榜者，他听了之后觉得很沮丧，因为他觉得他的父母就是典型的标榜者，而他自己的身上也有标榜者的影子，觉得世界都要崩塌了。我赶紧跟他解释：标榜者并不全是坏人。

不少标榜者其实是有认知谬误的，他们也是可怜人。他们标榜自己，但也会为更强大的偶像所倾倒；他们想控制别人，但自己也被更强大的标榜者所征服。

认知上的谬误，让这部分标榜者长年处于蒙昧和混沌中，还为这种短视状态沾沾自喜。他们认知上的谬误主要有三个：道德泛化、封禁讨论和极端情绪。

先说什么是道德泛化。我们在工作和生活中遇到的许多问题，其实都不是道德问题，而是现实困难造成的利弊问题。比如，有的人可能会选择和年迈的父母三代同堂，有的人则可能和父母分开居住，有的老年人会选择在养老机构生活。这不是道德问题，而是策略问题，简单地认为不和父母一起居住，就是不孝，就是道德败坏，这就是道德泛化。

还有的人把相信不相信传统医学、要不要母乳喂养、给孩子穿多少衣服、男性让不让女同事坐副驾驶座位、同事的离婚、孩子抚养权归属等当作道德问题,这都是道德泛化的表现。

接下来,我们再来看看什么是封禁讨论。标榜者往往拒绝一切讨论,而是用一些看上去斩钉截铁的结论来让对方闭嘴,比如我就遇到过一位专注于劝人吃素的阿姨,她会直接对我说:"众生都是你前世的父母,你吃动物的肉,就跟吃自己的父母一样。"

我想跟她讨论一下轮回理论的时候,她拒绝了。因为她其实根本没有读过原典,不知道应该如何探讨这个话题,她说话的那种气势就是为了回避争论,她没想到这么可怕的话居然还会有人回嘴。

最后,我们再来看看极端情绪。一些标榜者往往会因为自己的"传道"被忽视而感到愤怒,甚至谴责周围的人。这就是为什么很多有"道德洁癖"的人,人际关系都高度紧张。因为他们对自己标榜的东西太相信、太执迷,当他没有在你那里得到回应,没有控制住你的时候,就会心生怨念,甚至情绪失控。

现实中,标榜者因为得不到呼应,就谴责普通人道德败坏的例子比比皆是。

基于这三点特征,我们应该怎么跟标榜者相处呢?

• 对付标榜者的方法是什么

对付标榜者最好的策略就是，不迁就、不激惹和偶尔出头。

如果必须和他们社交的话，完全回避所有道德话题不现实。对道德问题的谈论，点到为止就可以了。

如果你有一个标榜者同事，他在点评别人的时候，你没必要加入他，最好一言不发。如果顺着他的话说，会让你在不自觉的情况下得罪人，这就是不迁就。

当然，你也没有必要去指责对方的错误。他三十年没有改变的习惯，不会因为你一句话就改变，所有真正的改变，都需要当事人自己去觉悟，而不是你的灌输，这就是不激惹。

标榜者往往会对周围的人都评头论足一遍，发现谁厉害就忍住不碰，遇到谁软弱就连续欺负。

当标榜者谴责到你头上的时候，周围的同事都在观察你，你可以表达自己的态度。比如，你可以这样回应："我没有和我的父母一起住，我有我的现实困难，我非常爱父母，也把他们的生活安排得很好，您这么批评我，我觉得不够公正。"用软钉子回击一下就可以，没有必要加入太多的情绪去争吵。

还有一种情况，是标榜者谴责到了对你非常重要的人头上。这种局面在大家族聚餐的时候居多。一个爱标榜自己的亲戚，可能会对你老实巴交的父亲进行一番谴责，这个时候就不要客气，直接站出来回击。有个说法，叫作：打得一拳开，免得百拳来。

> **总结**
> - 有道德洁癖的人，其本相是标榜者。标榜者不打算跟人讨论道德，而是通过贬低别人来抬高自己。
> - 标榜者擅长用空手套白狼的方式建立社交地位，目的是控制别人，甚至损人利己。
> - 跟标榜者交手要小心，不要顺着标榜者的意思去说话，也不需要跟他们硬碰硬，当他们谈到了原则性问题，表明你的态度就行。

神色为难的人：
还能为我所用吗

你是否有过这样的经历：在职场上遇到了麻烦，比如一个很重要的审批文件需要推进，或者项目在关键时刻遇到阻碍。你想打听点消息，也没有多想，就向跟自己关系不错的同事求助。你知道对方完全有能力帮你，本以为他会爽快答应，结果这个人支支吾吾，满脸为难的神色。

其中有一些人还会努力寻找一个借口来回应你，"对不起，我也爱莫能助，我现在还有点急事要处理……"，也有的人干脆就玩消失，彻底没了动静。

面对这种神色为难的人，你又急又气，想着平时对他不错，甚至曾经救他于水火之中，可在关键时刻他居然没有向你伸出援手。

你觉得惊讶、愤怒，甚至开始自我怀疑：我是不是怠慢过他？不对，是我看错人了吧？哎呀，我真傻。

这个人可能还很难绝交，未来还会出现在你的面前。等到你渡过难关之后，他甚至还会来祝贺你，就像他从来没有拒绝过你一样。跟这样的人，撕破脸觉得不好意思，但不撕清关系，又害怕哪一天被他在背后捅上一刀。

这种关键时刻掉链子，对你见死不救的关系还值得维持吗？这种人拒绝对你施以援手是真有困难，还是借口推托？在社交圈子里保留这种人有没有什么风险？

神色为难的人，"真身"是什么

首先我们要明确一件事，在关键时刻拒绝援助你的人，不一定是要把你置于死地，这和主动陷害、背后捅刀的行为是不一样的。

摆出一副为难面孔的人有两个原因：

第一，他害怕你对面那个强大的敌人，不敢为你冒风险；

第二，他舍不得手上的利益，不愿意为你付出。

只有这两个是真实的答案，其他的难处，都是虚伪的矫饰。

神色为难的人通常是畏祸者和逐利者。他们不一定是你的敌人，但他们的"真身"一定是没有担当，或是只关心自己利益的人。接下来我就教你怎么区分这两种人，以及应该用什么样的策略应对他们。

· **如何对付畏祸者**

通常来说，畏祸的人性格偏保守，他们希望保住自己的位子，非常畏惧风险。

他们不愿意对你出手相助，不一定是不感激你过去对他们的好，而是他们认为，如果帮你，一定会触犯规则或者得罪更强者，他们怕的是跟你一起完蛋。

这种人有三个特点：见识少、能力弱和容易摇摆。

勇气是在事情上历练出来的，经历的事情太少，操办过的业务太少，项目规模太小，自然对自己没有信心，没有信心的人思虑就会很多。很多畏祸者自己内心戏太多，和别人产生了误会，最后耽误了团队的大事。

能力弱的人，害怕丢掉工作或者某些机会。就会患得患失，不愿意为朋友或盟友承担任何一点风险。

一个人性格上容易摇摆，那就很容易被对手说动。如果盟友或者下属发生了动摇，你就要考虑是不是有对手在暗地里做工作，你可以直接问他有没有，动摇的人一般都会吐露一点情况。

畏祸者不是坏人，但是给你造成危险的不一定只有坏人。

畏祸者对不确定性特别敏感，当他犹豫不决的时候，尽量避免对他诉苦卖惨，因为他很可能会出逃。对这样的人不妨尝试更有信心、更强硬地交涉，让他继续留在自己的阵营中。

当然，尽量不要把宝押在一个人的人品上，要设置额外的保险。一个关键位置上的人倘若动摇，可能会让你满盘皆输，正确的做法是在一些重要的位置和角色上，准备备选方案，让人和人之间互相制衡，互相监督，留好后手。

记住，不用和畏祸者对立，他的为难源于谨慎的风险决策，你要稳住他，避免带来更多的隐患。

如何对付逐利者

有些人不愿意帮助你，是因为他不愿舍掉自己的一点点利益。逐利者在你面临危机的时候表现出来的为难犹豫，往往是待价而沽。这种行为非常令人反感。

"汉初三杰"之一的名将韩信，就是一个典型的逐利者。

刘邦和项羽争夺天下，独扛敌军主力，韩信率领一支小军队进攻北方，打了很多胜仗。刘邦希望韩信来增援他的时候，韩信觉得自己的这支军队是政治资本，犹犹豫豫地告诉刘邦，自己要做假王（代理齐王）。

刘邦听了韩信的"要价"，当时就破口大骂，被张良一把拉住，想起这个时候正需要韩信的忠诚，刘邦赶紧说："当什么假王，男子汉大丈夫要当就当真王！"就封了韩信做齐王，让他尽快出兵。

韩信因为自己的利益跟刘邦讨价还价，日后刘邦要动手法办他的时候，一定不会忘记他胁迫自己的这一天。

逐利者的为难是假装出来的，目的是趁乱向你索取高价。虽然气人，但是目的明确，比较好对付。

不要跟逐利者斗气叫板，尽快满足他的物质利益，局面就可以转危为安。至于日后如何处置逐利者，可以再看他的表现。

• 为什么你会被他背叛

对付畏祸者和逐利者，虽然两者在策略上有一定区别，但是如果你平时多做一些功课，是可以提早发现这两种人的。

有人跟我说，自己每次被别人背叛，都是看走眼，越是平时对他好的人，背叛起来越厉害。

这话没错，有句话叫作"慈母多败儿"——一个母亲如果过于宠溺儿子，不去给他立规矩、订契约，孩子长大后就很容易变成一个浑小子。

对盟友、对下属，也有类似的情况。如果你想要单纯用利益来收买人心，让别人对自己忠诚，那大概率会惯出一个拿善意当软弱、骄纵蛮横的角色。

我曾经提到过，领导和下属的关系，就应该像是指挥中心和空间站的关系，下属要不断地向领导汇报情况，而领导要给下属各种支持。

风筝要高飞，人的手上就要握住线，如果不能让对方感受到你的存在，你就真的不存在了。

此外，如果你给人老好人的印象，对方就可能觉得你软弱可欺，觉得这次就算得罪你也没关系。

解决方案就是，在尊重对方的前提下恩威并施。过分压制对方会让下属或者盟友口服心不服，最终背叛你，但是一味地忍让讨好也会让对方在关键时刻对你摆出一张为难的脸，要么对你袖手旁观，要么向你漫天要价。

因此平时相处的时候要拿捏好分寸，既要用真心帮助对方以获得好感，又要让对方明白自己不是软柿子，如果对方背叛你，他也会受损失。

职场上的社交想留有退路，既要友好相处也得立威，这样才能降低被背叛的风险。

• 畏祸者和逐利者还能用吗

等到危机过去，选择权回到你手里的时候，你该如何应对在关键时刻对你见死不救的人呢？这种人还能结交吗？如果对方是你的下属，还能用吗？

答案是，当然能用。我说过，职场不是修罗场，而是秀场，职场上没有生死对决。在许多公司里，上级领导想解聘自己的下属，要经过一定的程序；而在另一些单位，凭个人嫌恶解聘下属也不大容易。如果你们是平级关系，那就更不用说了。在这种情况下，因为对方没有对你施以援手就不再用他，或者与对方绝交，的确不太可行。

当然，要和这样的人继续合作，要注意这两个原则：客气而严厉，利用好背叛者负担。

先说客气而严厉。我们在对付背叛者的时候，要注意使用态度这个工具。一场危机渡过之后，要对和你同甘共苦、不离不弃的盟友更加亲近，如果是你的下属，要给他们更重要的担子。要让畏祸者和逐利者感受到压力，争取更好的表现。

不问状况地一视同仁不是公平，以正直与忠诚分清亲疏远近才是真正的公平。

把畏祸者和逐利者放到对你最忠诚的人身边，让忠诚的人影响他们，防止他们抱团、传闲话，这就是正确的用人方式。

再说一说背叛者负担。大多数人都对背叛有负担，背叛过你，就会对你心有芥蒂，能够肆无忌惮背叛别人的人很少，有的人得罪了朋友会玩失踪，就是因为背叛者负担在作怪。

畏祸者也好，逐利者也好，如果在关键时刻背叛了你，辜负了你，心中多少都有歉意。如果你简单粗暴地跟他绝交，这种歉意就不存在了。

相反，如果你表达对他的原谅，让他觉得亏欠你，再有需要他帮助的时候，他就更可能施以援手。

总结

- 神色为难的人通常有两种类型：一种是畏祸者，他们没有担当，不愿意为你冒险；另一种是逐利者，他们趁火打劫，只顾自己的利益。
- 面对神色为难的人，你要稳住畏祸者，并在不违背原则的情况下尽力满足逐利者的需求，这样就有可能获得他们的帮助。
- 如果背叛已经发生，你还想继续跟神色为难的人合作，平时就要做到恩威并施；并把对你忠诚的人放在他们身边，带动他们；以及表示原谅，让他们觉得亏欠你。

宣誓效忠的人：
会不会有背叛风险

一个优秀的人在职场上，应该会有一些春风得意的时候。比如，刚刚被提升，或者在全公司同事面前被表彰，又或者得到某个重要领导的赏识。这个时候，多半会有宣誓效忠的人飘然而至。

如果你刚入职场就崭露头角，他们会说："你真的太棒了，少年才俊。"

如果你正值壮年，受到重用，他们会说："您真的太优秀了，真不愧是我们单位的中流砥柱。"

如果你厚积薄发，大器晚成，他们会说："真是太佩服您了，姜还是老的辣。"

无论你是初出茅庐，还是老树发新枝，这种人都会笑嘻嘻地迎上来。马季先生的相声里就曾经塑造过一个这样的角色，别管你怎么谦虚，他都能把你捧上天。

捧完你之后，接下来他就会说明自己的来意："以后还得请您多关照，有需要用我的地方，随时吩咐。"

这就是宣誓效忠的人，你不掌权、不走红，就永远看不见这种人，当你开始飞黄腾达的时候，这种人就会立刻来到你的跟前。

曾经有人问我："熊师傅，应该怎么对待这种人才好呢？如果我把这样的人直接推开、撵走，对方是真小人也就算了，如果他是真心支持我，那可怎么办呢？"

自古以来，区分别人的忠诚是真是假，都是权力场上的难题。一个人嘴上说效忠你，但实际上可能并不打算真的为你效力。

那么，怎样才能知道宣誓效忠的人心里的真实想法呢？这种人有没有可能背叛你？如何应对这样的人才算得体？下面我就给你讲讲，怎么应对职场上那些宣誓效忠的人。

• 宣誓效忠的人有三类

在职场上，最重要的关系就是你和你领导的关系。这个领导说的是直接领导，你最好不要越过直接领导去向大领导表示忠诚，包括不分管你的副职高层领导。

因为职场上的忠诚有排他性，随便宣誓效忠很危险。所以，真正的忠诚，只应该存在于直接的上下级关系里。明白了这一点，如何辨别效忠的人就很简单了。

宣誓效忠的人通常有三种。第一种是谄媚的人。这种人不是你的下属，仅仅是因为级别比你低，就对你摆出一张效忠的面孔。为什么说他们是谄媚的人呢？

这不是我的论断，而是孔子的判断。孔子曾经说过："非其鬼而祭之，谄也。"这里的鬼，说的是祖先，一个人若要祭祀别人家的祖先，那一定是想巴结、谄媚活着的人。

职场上的效忠宣言也是类似，你不是他的领导，他来巴结你、谄媚你，多半是为了日后让你违背规章制度，给他行点方便，或者希望调入你的部门，弄个一官半职。

第二种是效力的人。这类人跟你在同一个部门里，他们不一定是你的下属，但是在你的保护之下，这些人的宣誓效忠，有祝贺和重申忠诚的意味。

第三种是不好推测其目的的人。这类人比较特殊，他们可能是你之前的对手，是竞争中的失败者，他们的宣誓效忠最难判断真假。

一方面他们可能确实接受了你受提拔的事实，也表达了自己愿意合作的态度。但是另一方面，他们可能在你地位动摇的时候，做出对你不利的事情。

效忠的话很顺耳、很好听，但宣誓效忠的人中，只有效力的人是好人，谄媚的人和不好推测其目的的人，你都应该小心提防。

那么，在具体的社交场合里，你应该如何对待这三种人呢？

• 对三种人的区别策略

先说如何对待谄媚的人。对这类人你要做到礼貌、客气，同时保持距离，观察他下一步的行动。

如果他只是碰巧在这个场合，习惯性地吹捧你一下，那不用多虑。但如果之后他开始刻意接近你，并给你各种小便利、小好处，那就要保持警惕了。

这种人不会出于欣赏你而对你好的，他一定打算从你这里得到点什么。你今天收他一点微不足道的好处，未来可能十倍、二十倍地偿还。

对谄媚者的收买，可以尽量把对方的礼物、宴请推掉，实在推不掉的，要尽量还人情。还人情，北京话也叫"还镚子"，今天吃饭你买单，那明天就我来花钱，你要是不答应，我下次就不跟你一起出来吃了，让双方保持互不相欠的状态，这就是"还镚子"，这是用礼貌的方式让对方知难而退。

再说如何对待效力的人。对这些人要尽量保持原状。千万不要随便降低对方的职位或是他的待遇。即使你对这个人不满意，也应该在过渡期结束之后再做处理。在你刚刚被提拔、被重用的时候，每个支持者都是非常宝贵的。

当然，也不要对所有宣誓效忠的人都立刻分配好处，这对那些比较内向、渴望凭本事吃饭的成员不公平。这些人也是你需要合作和依靠的，而且你手上可以分配的资源有限，为一个友善的态度就随便给好处，未来办事就困难了。

最后说如何对待不好推测其目的的人。对这类人你要特别小心，光听他怎么说是没用的，要尽快给他布置任务。要挑那种有点难度，但没那么关键的任务。

如果他真心决定做你的属下，那一定会克服困难，在工作上表现出效率和活力来，如果是虚与委蛇，想要麻痹你，那他一定会表现得懒散、低效，甚至还会抱怨。

用有点难度的任务来试探不好推测其目的的人，是自古以来的妙招。清兵刚入关的时候，就让明朝投降的将领来打头阵，让他们费力气、伤实力，看他们投降的态度是不是真的。

反观明朝，过去招抚李自成、张献忠这样的起义军，都把这些人当爷供着，给他们的压力很少，结果有些人很快又反叛了。

作为被效忠者，你有考验效忠者的特权，用任务考验对方的效忠是不是真的。这种考验，就是"交投名状"，这不是欺负或者为难对方，而是确认双方关系的必要环节。

别担心下属可能因此跑路，下属会因为你不公正的待遇离开，但一般不会因为你给了有挑战性的任务就离开。

不过，你真正应该关心的，其实不应该是那些宣誓效忠的人，这是为什么呢？

• 注意力应该放在其他沉默者身上

有些下属不会对你宣誓效忠，他们才更需要你的注意。他们不宣誓效忠的理由可能很不一样。

有的人可能不擅长在口头上表达自己的忠诚；有的人则是因为鄙夷某个谄媚的人，所以刻意避免做同样的事；还有一些人，他们脾气桀骜，对哪个领导都不买账。

这些人不来找你表忠心，选择了保守的策略，保持沉默。如果你简单粗暴地给对方小鞋穿，是非常不得体的行为。你可能会错失一员得力的干将，还可能会把一些人推到你的对立面。

找那些没有宣誓效忠的人挨个聊聊，听听他们对未来工作的看法，这才是一个新手领导最该做的事。

把下属里的业务骨干安排好，协调好团队成员之间的关系，让团队持续稳定做出成绩，再逐渐把不称职的人换掉，这才是新手领导最应该关心的。

收获别人口头上的支持，虽然有必要，但是不重要。多关注那些沉默者，因为他们才是更大的变数。

最后，你还有一件重要的事情要做。你既然被提拔了，就要让你的领导知道你对他的感激和敬意，告诉他你是他的友军，随时准备响应他的召唤。

你不需要肉麻地宣誓效忠，但你一定要认真地表达你的态度。即使你和领导之间有默契，但是很多话如果你不说，他也可能犯嘀咕，你们的关系就容易出现裂痕。

最后，我再强调一下，职场上最重要的那个人——他就是你的领导。

总结

- 宣誓效忠的人通常有三种：谄媚的人、效力的人和不好推测其目的的人。
- 对谄媚的人你要客气、礼貌地推开；对渴望效力的人你要保障他们的权益；对不好推测其目的的人你要进行考验，让他们交出投名状。
- 你真正应该关心的是那些沉默者，他们可能因为耿直或者社恐，不愿意过来对你宣誓效忠，主动跟他们沟通，才能更好地开展工作。

冷淡的人：
可能是个热心肠吗

你可能遇到过这样一种人，他们待人接物毫无热情可言：几乎不会对新来的同事主动打招呼；跟老同事也很少交流互动，偶尔聊天态度也非常冷淡；你跟他谈工作上的事情，他还能好好说话，但如果想跟他聊聊生活，他就一下子板起面孔，不再搭腔。

人的情绪会被身边的人传染。如果你对面坐着的是金庸小说里的"老顽童"周伯通，明明他没有讲笑话，你看着他那张欢快的脸，也会忍不住觉得开心。但如果坐在对面的人是冷着一张脸的"飞天蝙蝠"柯镇恶，你虽然知道那个人不坏，但也会浑身不自在。

为什么会有态度冷淡的人？和冷淡的人应该如何相处？如果你自己就是别人眼里冷淡的人，你应该如何改变呢？

• 冷淡的人是如何伤人的

冷淡的人本身是不会对人造成伤害的。造成伤害的是什么？是人们在面对冷淡的脸之后产生的心理活动。

意志坚定的人，可能会用这样的心理活动来反击冷淡的人："装什么呀？"这四个字其实非常好用，如果能掌握这四个字的正确使用方式，就很难被别人的情绪攻击、伤害了。

但是，一些性格温和、受过良好家庭教育，希望友善、体面地与人沟通的人，遇到这类事情时会先在心里帮对方开脱：是不是他没听见我说话；可能他没看见我打招呼；可能他今天心情不太好吧。

当你开始替他开脱的时候，冷淡的人其实就已经在影响你了。

有些人遇到冷淡的人之后，不是责怪对方不通情理，而是去怀疑自己：我是不是说错话了？我是不是能力不足？我是不是缺乏魅力？我是不是哪里有问题，才被人这么冷漠对待？

冷淡不伤人，这种疑神疑鬼、自我拷问和责备，才会真正伤害你，因为它们破坏了你内心的自洽。当你没办法做到内心自洽时，你看什么都会蒙上阴影，做什么判断都可能出错。

所以，你没必要委屈自己，也没必要想太多，因为对方的状态很可能跟你完全没有关系。比如，有些人的脸会显得比较冷淡，是因为身体状况、独特的面相或者职场压力造成的。

• 对你无害的"冷淡脸"

许多疾病都可能让患者精神不振、面色冷淡，不愿意与人沟通。比如，抑郁障碍、疼痛障碍以及肿瘤。有的人听力不好，注意不到别人打招呼，也会给人造成冷漠的印象。抑郁症发作的病人，不仅心情恶劣，还可能会话少、表情淡漠和不爱沟通。

近几年还有一个词特别风行，那就是"社恐"。它是"社交恐惧症"的简称，往往被认为是社交障碍。其实按照心理学上的定义，社恐的大多数表现并不是社交障碍。

真正的社交障碍属于焦虑障碍的其中一种，患者如果需要给人打电话或者见面，就会特别焦虑，大汗淋漓、呼吸急促。

还有一类孤独症谱系的疾病，也会让人看上去非常冷淡。这些人感知别人情感、观察别人情绪的能力极低，看起来有点不通情理、感情淡漠。有部日剧叫《不能结婚的男人》，阿部宽饰演的男主角就是这样的一个人，他是个建筑设计天才，但总是摆着一张臭脸，加上情商低，总是在无意间得罪人。

最多见的"冷淡脸"是严重的害羞者。他们对与人沟通心存疑虑，非常害怕暴露自己。他们过度关注自己的一举一动，生怕做错了事被人取笑。

一些独特的面相也会给人冷漠的感觉。大多数人在放松的时候，五官显示出来的是平静的表情，也有的人在放松的时候，脸上会显出很像轻蔑、嘲笑或者生气的表情，因此被别人误会是态度冷淡的人。

饿纹，其实就是法令纹，指鼻子两边的那两条线，如果这两条线长到嘴边，给人的感觉就会很像在生气。这种面相的人很容易被误会是故意给人脸色看，如果你有这种相貌，平时就要注意表情管理，多微笑。

还有一种情况，就是职场压力过大造成的士气低迷。

你在自己的公司待习惯了，不容易察觉到这方面的差别，如果有机会去别的公司拜访合作伙伴，或者新到一家公司准备入职的时候，可以仔细观察一下。

每家公司的员工表现出来的精神面貌是完全不同的，有的团队一看就是轻松而愉悦，有的是散漫而懈怠，还有的是紧张而冷漠。

比如，员工见了访客，不谦让、不问好，一个人的电话落在工位上，响半天也没有其他人管。公司出现这种情况就表示团队的绩效压力过大，或者面临严重的内部不公，所以人们都摆出一副冷淡的面孔。大家对内不友善，对外自然不愿意沟通了。

你看，一个人看上去冷淡的原因有很多。可能是他生病了，也可能是他天生就是这种面相，更有可能的是，他最近过得比较艰难，心情不好，但他们都不是针对你的。

但是，有的时候，一些人就是要故意摆脸色给你看。他们为什么要这么做呢？

• 对你怀有恶意的"冷淡脸"

原因主要有三个：嫉妒、利益冲突和职场欺凌。

先说嫉妒，嫉妒分为成就嫉妒和性嫉妒两种：如果你年少有为，被提拔得很快，一个和你同期或者比你更资深的人，就可能对你心生嫉妒，故意不给你好脸色看。

还有一种是性嫉妒。你可能会因为长得好看、性格和气而受到异性的欢迎，这个时候就可能遭遇性嫉妒。在职场上控制不住自己性嫉妒的人，性格往往都比较外露，所以有些冷淡的态度也会表现得特别明显。

再说利益冲突，有的人对你冷淡，可能是因为你们之间有竞争关系。你获得了一个部门负责人的职位，另外一个人也是这个职位的候选人之一，你占据了他有机会获得的位子，他当然会对你抱有敌意，故意用冷淡的脸对待你。

如果你有能力将对方拉入自己的阵营当然最好。但是，如果对方没有合作精神，甚至公开针对你，你要做的就是团结好支持你的下属，别在较量中显得过于懦弱，避免让支持你的人觉得你靠不住。

最后说职场欺凌。有些人的冷淡是一种策略，是他控制别人的手段。他们先对你极其冷淡，然后偶尔对你态度友善，你就会觉得好像收了他的好处一样。这些人如果要催你做事、帮忙，就摆脸色给你看，达到目的态度才会变好。这就是用态度来影响、控制别人。

你可能会说"这种做法好幼稚啊"，其实这种幼稚的招数，能够"拿下"好多人。

跟这种闹情绪、摆脸色的人吵一架，普通人都会觉得不值当，但如果对他不理不问，他每天给你摆出一张难看的脸，你也会觉得难受。

有的人为了省心，就答应了对方的要求，一来二去，等你习惯了受对方的影响和控制，大事上也难免会对他迁就了。

这种控制，是策略，更是职场欺凌的一部分，许多缺乏职场经验的人都会被这种策略操控，吞下苦果。

如果你是职场新人，注意不要受到这种控制狂的影响。如果你是领导，也要提防这种人，否则团队里其他人可能会被他压制，最后连你的意志都没法贯彻。好多人带团队带得反而像做下属，就是因为队伍里有这样的控制狂和职场欺凌者。

故意针对你的人通常有三种，他们可能是因为嫉妒你的成就或者个人魅力，也可能是因为利益争夺的敌意，还可能是一种精神控制手段。

• 最难躲开的"冷淡脸"

最后我们说一种特殊情况，那就是新人期遭遇的冷漠对待。

如果你刚进一家公司，老员工们对你态度冷淡，你一定要理解。因为他们不是针对你一个新人，而是针对所有新人。

社交是有成本的，它需要占用人的时间、精力，老员工对新人态度冷淡，是因为担心新人留不下来，自己白白浪费感情。那些竞争激烈、转正条件苛刻的大公司尤其如此。

一种极端情况就是打仗时的军队。

在美国关于"二战"的电影《狂怒》里，一个新战士被分配到坦克兵组，想要做自我介绍，但老兵们粗鲁地打断了他，让他一个月后再说自己的名字。

他们的理由非常简单，知道了你的名字，就要和你有交情，新手在战争中的死亡率很高，如果你死了，还要为你伤心，太不划算。所以，军队里就有了一个不成文的规矩：要先活下来，别人才肯记住你的名字。

职场上也是如此，新到一个环境时，与其跟同事搞好关系，不如冷淡一点，大家先互相看看彼此干活的能力怎么样。如果互相不拖累，再做盟友也不迟；如果互相看不上眼，那就好聚好散，也不用背负谁抛弃谁的负担。

这里我还想再强调一下，同事间交往要注意的事。你的老板开一家公司，不是为了让你来交朋友的，老板要实现效益，你要自我实现，工作才是职场的主题。

和那些每天腻在一起的同事相比，好多冷淡的人，可能是更好的搭档。对没有敌意、工作又上心的冷淡者，不妨慢慢合作，慢慢相处。这些人冷淡的外表之下，可能隐藏着一副伤痕累累的热心肠。

总结

- 冷淡的人可能是生病、面相不好或者压力过大，这些人对你无害。
- 故意针对你的人可能是由嫉妒、利益冲突或者职场欺凌导致的，如果对方触碰了你的底线，你可以适当反击。
- 新人期可能会被老员工集体冷淡对待，这个时候优先要做的事是提升你的绩效，而不是和同事们交际。

Part 2

爱用套路的人
熟练掌握应对他们的方法

爱玩套路的人占你的便宜还卖乖,他们精熟此道。认清他们这一套,才能"不吃这一套"。

号称为你冒了险的人：
要小心提防

不知道你有没有遇到过这样的人：当你做成了一件事，有了一点小小的成就，或者刚从险境中挣脱出来，他会突然出现在你面前，摆出一副高深莫测的样子对你说："老兄，这次的事情，我可是没少担风险啊。你知道我忙前忙后的多不容易吗？"

你突然之间多了一个恩人，还没反应过来怎么回事，被他煞有介事的态度弄得有点紧张。这位"恩人"接下来又谈论了几句细节：

"我挨个给评委打电话，拜托他们支持你。"

"有人写信举报你评职称的论文有点问题，让我偷偷给按下了。"

你一听，哎，好像还真有这么一回事，于是客客气气道了谢。这个时候，这位所谓的恩人会再叮嘱一句："我这次替你担了风险，以后发达了，可要记得我啊。"不等你细琢磨，他就飘然离去，留下一脸迷惑的你。

你忽然就欠了别人一个天大的人情，但其实你跟对方并不熟，也没拜托过对方帮你的忙，你甚至不知道对方说的有几分是真话，几分是假话。

对于这种号称为你冒了险的人，你应该如何去应对呢？这种人似乎是带着善意来的，但是背后会不会有你意想不到的危险呢？

• 盗卖恩情的人

这种人非常容易麻痹别人，是需要特别留神的一种人。

首先，对方并不是你的恩人。为什么这么说？因为恩人要满足两个要点：第一，这个人是自愿出手，主观上并不要求回报；第二，这个人的作为确实改善了你的处境，甚至改变了你的命运。

有的人帮了别人的忙，并不觉得自己应该从中获利。这说明他们有上等的人品，有君子的作为，也是他们格外受人敬佩和感激的原因。

也有的人帮了别人的忙，经常挂在嘴上，时常提醒对方，想让对方表示感激。这些人其实是"市恩"之人。"市恩"就是用恩惠收买、取悦别人的意思。这类人把恩情当买卖，用顺水人情来结交你、收买你，其实并不是你的恩人。

"恩"这个字很重，如果你能够一下子报出一长串恩人的名字，把恩人的范围无限扩大，只能说明你没有很在乎真正对你有恩的人。

为了谋利声称帮过别人，其实是盗卖恩情。盗卖恩情的人是真正的奸佞之人，一定要提防这样的人，因为他们非常危险。那么他们会对你有什么危害呢？

• 盗卖恩情的人有什么危害

关系管理有几个层面：

第一个层面是内心自洽，即你自己内心的不纠结、不冲突。

第二个是人际关系的和谐，即你与其他人的关系和谐友善。

第三个是群体内的发展，即你在一个群体内能不能获得地位的提升。

第四个则是应对危机与冲突的能力。

如果一个盗卖恩情的人盯上你，他会全方位地伤害你关系的四个层面，不仅伤害你的现实利益，而且会伤害你对周边关系的感知能力。

先说盗卖恩情的人对你内心自洽的伤害。过多的人情债会给人造成心理负担，尤其当你并不想接受对方的帮助时。一个盗卖恩情的人会反复跟你提及他对你的所谓恩情,这种强调的背后是对你个人能力的否定:你看看,如果没有我,你就搞不定。

如果你认同了对方盗卖给你的是恩情,就会下意识地自我贬低:我怎么这么蠢?要不是人家帮我,我就搞砸了。但事实上,对方可能并没有帮过你,事情能够成功,靠的是你自己的能力。

盗卖恩情的人还会伤害你的人际关系。盗卖恩情的人会让你在一个群体之中的风评受损。因为他不仅对你炫耀恩情,还会肆无忌惮地向其他人吹嘘、夸大他对你的所谓恩情:

"某某当初遇到麻烦事,还是我救了他。"

"这家伙当初要提升,是我投了关键一票。"

这种评价会让你身边的同事、下属误会你,以为你的成绩名不副实。

有时候,盗卖恩情者还会强行把你拉进某个派系,进行不符合你利益的站队。比如,他跟别人起冲突时,会跟别人说:"你可想好,你得罪了我们,就是得罪了某某,我对他可有恩,你敢乱来的话,他不会给你好果子吃。"

最后,盗卖恩情者还会让你在应对冲突时束手束脚。因为在职场上,你很难对付一个盗卖恩情者。

给你举个例子。东汉末年袁绍的谋士许攸,就是一个典型的盗卖恩情者。许攸在官渡之战的时候投降了曹操,出卖了袁绍,曹操偷袭了袁绍的粮仓,打败了袁绍的军队。许攸对曹操有恩没有？当然有，官渡之战能逆转，许攸功不可没。但是，曹操打下袁家的根据地冀州之后，许攸仍然得意扬扬地跟曹操炫耀，叫曹操的小名："阿瞒，你没有我，得不到冀州。"

这就过分了，许攸出卖情报是四年前的事，炫耀自己四年前的功劳，把这四年里所有人的努力和奋战获得的成果都算在了自己的头上，对其他人很不公平。

曹操因为许攸有功，一直都是容让他的，但是再这么忍下去，不但自己心里不舒服，周围的下属也都不满意，内部团结会出问题。所以最后曹操心一横，就把许攸抓起来杀掉了，而在小说《三国演义》里杀许攸的是许褚。

这就是盗卖恩情者的可悲之处，他们伤害周围的人，不断挑唆、"玩火"，最终也会伤及自身。

那么，如果你遇到盗卖恩情者，应该如何对付他们呢？

• 如何对付盗卖恩情者

我在这里给你总结四个方法：你卖恩情我不接；谦逊、客气、不办事；直接跟他提要求；请人跟他认真谈谈。

先说"你卖恩情我不接"。在职场上，对方提到为你冒了险、帮了你的忙，你如果不清楚情况，就大大方方地问："这事我还真不知道，具体是怎么回事？您能讲得更详细些吗？"

盗卖恩情者经常会利用你不好意思过问细节，来让你稀里糊涂地收下一份假恩情。如果你开始追问细节，他们就会打个马虎眼向后退缩了。

再说"谦逊、客气、不办事"。如果已经不幸被对方贩卖了一套恩情，那未来一定要硬起心肠，可以客气，但一定不要被对方牵着鼻子走，去帮对方获得利益或者跟随对方的阵营。

如果对方不是你的上级，你可以直接对对方提要求："这些陈年往事不要提了。"这种告诫对很多人是有效的。

如果盗卖恩情者真的对你有点恩，你可以找个人去跟他谈谈。刘备当年就是这样做的。

刘备帐下有个谋士叫法正。法正是刘备打进成都的引路人，对刘备有功，也有恩。但是，法正这人小心眼儿，利用自己功劳大，杀了不少跟自己关系不好的人，这让刘备很为难。

这种事情不处理，早晚是个祸患，看出刘备为难的人就劝诸葛亮去警告一下法正，诸葛亮不满法正的做法，故意正话反说："法正的功劳这么大，杀几个人就让他杀吧。"

法正听懂了诸葛亮的意思，不敢再乱来了。听起来是诸葛亮给法正发了"杀人许可证"，但是法正明白自己做的那套，诸葛亮清楚，刘备清楚，别人都记得，就不敢乱来了。

诸葛亮的话到底是什么意思？"你每任性一次，折损的都是主公对你的信任，你功劳再大，终究有耗尽的一天。"刘备没有直接跟法正谈，诸葛亮放话出去的规劝方式也很独特。

安排聪明人去劝自视甚高但是骄横的人，这种做法非常有效。

再提醒大家一句，恩这东西要谨慎承认，这样才对得起真正对你有恩的人。对那些到处炫耀为你冒了险、对你有恩的人，要谨慎对待、小心防备。

总结

- 那些号称为你冒了风险的人，大多是盗卖恩情者。
- 盗卖恩情者会伤害你的利益，还会破坏你的人际关系，不要随便接受别人的示恩。
- 如果盗卖恩情者可能伤害到你，跟对方直接提要求或是找别的人跟对方谈谈，都是有效的方法。

爱贬低别人的人：
这就是传说中的"PUA"吗

你在工作和生活中，可能都会遇到这样的人，他每句话都要贬低别人，或明或暗地抬高自己，他以挖苦讽刺为能，以让别人窘迫、尴尬为乐。

你可能会说："我知道这种人怎么对付，他挖苦我，我就反击他，让他知道知道我的厉害，他嘴巴损，我能比他更损！"这的确能说明你很有斗志。但是你有没有想过，你在职场或生活中费力气社交，最终目的是什么？

你的目的应该是，让更多人站到你这边来，职场上你要收获更多的支持，生活中你需要更多对你友善的人，并且把其中的一部分人发展为朋友。

遇到一个喜欢贬低他人的人，就把自己也变成类似的人，那如果遇到一个卑鄙恶毒、违法犯罪的人，难道你也要用同样的做法来对付他吗？以暴制暴只会让局面更加糟糕，因为这会吓退一些本来对你有善意，可能成为你盟友的人。

那么，为什么有的人会爱贬低别人呢？这种贬低别人的行为是不是传说中的"PUA"？如果遇到爱贬低你的人，应该怎么应对呢？

• 控制者和压制者

通常有两种人喜欢贬低别人：一种是控制者；一种是压制者。

我们先说控制者，这类人有一个特点，就是对特定的对象进行贬低、挖苦，甚至是侮辱。这种人控制的对象，一般来说比他们的地位要低，而且实力偏弱。比如，自己的子女、职场上的下属、性格内向的恋人。

控制者在其他人眼里可能不是坏人，但他们中有的人对自己控制的对象，往往是为所欲为的，从贬低、打压到羞辱，都是他们控制对方的手段。

精神控制在这几年也被一些人称为"PUA"，其实"PUA"原来的意思是搭讪术，和精神控制完全不同。

职场上如果遇到喜欢精神控制的领导，最好的办法就是尽快离开这个鬼地方。

下面我们重点说说压制者，相较于控制者，压制者是社交场上更常见的一种人。

压制者会无差别地贬损身边几乎所有的人，只有领导或者更厉害的人能幸免于难。如果说控制者是精准杀伤的狙击手，那压制者就是横扫一片的重机枪。

压制者有一个特点，他们无一例外都是低自尊者。压制者在内心深处对自己的评价极低，但是对自己的要求又特别高，他们要求自己配得上所有人，有能力碾压所有人。而让他们实现这种平衡、碾压的方式就是贬低别人。

高自尊者社交时的态度是"天哪，你跟我一样好"，但低自尊者社交时的态度是"别装，你比我还要差"。当然，不是所有的低自尊者都会成为压制者，有的人会把攻击性转向自己，把自己变成既害羞又自卑的人，但也有的人会成为压制者。

压制者贬低你的时候，乐在其中，他们喜欢看别人被激怒，不过他们的快乐十分短暂，所以他们会不断地去激怒其他人。如果说精神控制者是邪恶的人，那么压制者可能只是一些无聊的可怜人。他们的人际关系都是一团糟，因为很少有人会喜欢这种人。

• 压制者是怎么形成的

有些压制者智商很高，他们很擅长去抓别人话里的漏洞，有针对性地打击别人。他们中有些人的眼光毒辣，能找到别人内心脆弱的地方展开攻击，而且反应非常快，总能让对方无从辩驳。

压制者爱以贬损别人的方式取乐，跟他们童年时候的经历有关系。如果你有幸去一个压制者熟人的家里做客，就会发现他的父亲或者母亲可能就是一个压制者，平时喜欢贬损自己的儿女，并且认为这样能让孩子成才。

在这种家庭环境中成长起来的人很容易成为压制者，他们渴望获得父母、领导等的认可，他们对潜在的对手的贬损已经成了自己的本能。

一些人会逐渐发现，贬损别人、激怒别人除了能让自己获得短暂的快乐，还有独特的好处。比如，让被激怒者的动作变形，犯更多的错误，进而抓住其破绽。这也是为什么你一定不能被压制者牵着情绪走，这会让你落入他们的埋伏，一定要把节奏慢下来，冷静下来，才能在你熟悉的战场上立于不败之地。

• 对付压制者的三个妙招

压制者其实并不难对付，掌握了他们挑衅的原理之后，我教你三个妙招：防守技能、反击手段和挖坑行为。

防守技能，是指在对方贬损你的时候，快速挡住对方的攻击。招式也很简单,就叫"我不觉得啊"。无论对方说你胖、丑、嫁不出去,还是娶不到媳妇,你都可以用一句"我不觉得啊"来刹住他的话头。他想看你暴跳如雷,但如果你的情绪不被他带着走,而是用你熟悉的、练习好的手段应对,就要轮到他着急了。

再说反击手段。你要清楚明白地表达出,你因为对方的贬低受到了伤害。这句话可以这么说,"你这么评价我,让我很不舒服",用描述对方行为的方式,告诉对方他对你造成了伤害。

别觉得这个反击太弱,对方只是个损鬼,并不是禽兽,他对自己给别人带来困扰这件事也是会有所顾忌的,只是他对贬损人上瘾,不愿意考虑对方的感受。

只要你这么说了,就能够让对方有所收敛。这句话同时也是说给周围的人听的,大家都知道你不愿意听了,如果他继续这个话题,那聊天翻脸的责任,就全在他身上了。

最后说说挖坑行为。压制者是无差别攻击所有人的,所以你是可以转移目标的,不妨在交谈中刻意称赞那些更有实力的人。让压制者去跟强大的对手为敌,这是摆脱压制者的最高境界。压制者见不得别人优秀,当你去称赞别人时,就会引起他的争强好胜之心。

传统单口相声《君臣斗》里有一个桥段,刘墉(刘罗锅)

每天到处参劾别人，告别人的状，这些大官苦不堪言，后来和珅想了一个办法。和珅对刘墉说："刘中堂，我说一个人，您肯定不敢参。"刘墉一听就不服气地说："谁？没有我不敢参的！"谁知道和珅竟然回答："当今皇上，您敢参吗？"

这就是标准的挖坑行为，让自己不喜欢的人与一个强大的人起冲突。

顺便提醒一句，不要让压制者去跟你的盟友为敌，最好找一个你的对手。

• 如何摆脱压制者

如果你不幸遇上了一个压制者，被他贬损得一塌糊涂，可以试试这一招——"冷淡－脱离"技术。

这是什么意思呢？压制者不太可能每天打个电话没头没脑地贬低你一通，他只有在你身边的时候才有机会说"你不行"。所以要想摆脱压制者，那就要在生活中与其脱钩。

曾经有人给我留言说，她的一个同事总是说她衣品差、不打扮，说只有懒女人没有丑女人，把她弄得很尴尬。我就问她："你们平时一般什么时间聊天？"她告诉我是和这位同事一起出去吃午饭的时候。我就告诉她，你尝试自己做饭，带饭上班，先在日常生活中跟爱贬损人的同事疏远开来，她没有了贬损你的机会，自然就会去别人那里找"成就感"了。

这就是"冷淡－脱离"技术。

类似地，如果有压制者同事跟你顺路，上下班坐你的车，那你就抽一段时间别开车，坐大巴、坐地铁，让他没有贬损你的机会，疏远了之后，你会更有勇气反击他对你的贬低。

> **总结**
> - 爱贬低别人的通常有控制者和压制者两种人，控制者有特定的伤害对象，而压制者则是攻击所有人。
> - 压制者低自尊，渴望获得权威的认可，所以他们会无差别地打击所有可能的竞争对手。
> - "我不觉得啊""你这样让我很不舒服""我觉得那谁谁就很棒"是对付压制者的三样利器。生活中遇到压制者，可以先疏远，再脱离。

常说"为你好"的人：
是好师父还是玩套路

在职场上，你可能会听到这样一句话："这都是为了你好。"你只要一听到这句话，一定要赶紧打起精神来，因为它很有可能是一个非常危险的套路。这话大多是上级对下级，师父对徒弟，职场老手对新人，或者年纪大、资历深的老同事对年纪轻、资历浅的小同事说的。

有的时候，这句话后面还会跟几句解释：

"为了锻炼你独立工作的能力。"

"你也该试试自己完成一个项目了。"

"为了你的前程考虑，就不要参加这次竞聘了。"

无论后面的建议是什么，几乎无一例外，你都要付出一些代价：比如多付出一些汗水和辛劳，再比如多冒一点风险，甚至是放弃一些已经到手的利益，或是即将到手的机会。

奇怪，这明明是让你吃亏了，为什么他们会说"为你好"

呢？这种"为你好"的人，到底是苦口婆心的好老师，还是想让你当炮灰、做牺牲和听命令的坏人呢？

• "为你好"的本质

"为你好"三个字，其实不是一种很好的说服方式，因为说服者是在用自己的人品背书。说服一个人，最好的办法是讲道理、谈利益。如果要用交情、感情去说服别人，其实已是下策。

当一个人说出"为你好"的时候，他就不仅是用交情来说服你了，这是一种"胁迫接受"。表面看起来，他不曾出口威胁你一句，但其实他的潜台词是这样的："如果你不愿意，你就再也没法得到我的指点和帮助了。"

除了在职场上，这种胁迫接受在生活中也很常见，有时候它甚至不是一个坏套路。最常见的场景是，你请朋友帮忙推荐某一类他了解的商品。比如说你想要挑选一套入门级的滑雪装备，你可能已经看了一堆网上的攻略，但是越看越糊涂，这时候你会用一种常见的方式——求助一位你熟悉的、信任的，看起来是高手的朋友。

如果你跟这位朋友关系够好，他就会给你很好的建议。"挑这个组合，听我的准没错！"他不愿意就这个选择的原因去展开解释，因为你在这个领域是小白，而他对自己的水平充满信心，这个时候他就会用胁迫接受的方式来直接给建议，节约大家的时间。

但是，职场上的情况完全不同，要说服一个人，应该有一个充分讲道理的过程。所以，如果一个人希望你牺牲自己的利益，又不愿意跟你讲透道理，还说为你好，那只有一种可能，他根本就不占理，他不是为你好，而是为自己好。不进行充分说服的"为你好"，都是玩套路。记住这一点就好了。

你可能会问，用这种判断标准会不会错怪别人呢？会，但是被错怪的人极少。而且，被错怪的人就算不为自己辩解，大部分也会给你解释几句。只有很少数性格古怪、故意不愿意讲道理的人会被错怪，这种概率小到几乎可以忽略。

一定要记住，在职场上讲道理、谈利益都正常，但是有人用"为你好"这三个字，用所谓的初心、感情来教你做事，这有极大概率是个坑。

• 师父和套路的区别

我曾经说过，最好的上下级关系是师徒关系，有的师父也会对徒弟说"你应该做什么事""这是为了你好"之类的话，但在这里我要重点讲解一下传统的师徒关系和"为你好"套路的区别。

师徒关系来自传统手工业，讲究的是口传心授，过去皮匠、木匠、裱糊匠都是师父教徒弟，管徒弟食宿，徒弟则会给师父做家务、带孩子、打下手来替代交学费。等三年后学成了手艺，再白给师父工作两年，这就是"三年学徒、两年效力"。

因为那个时候，当学徒的都是穷孩子，没什么钱，才会用劳动来替代交学费，这是一种人身依附关系。

在今天，师徒关系在某些行业里仍然存在，比如医生、律师、戏曲曲艺、手工业、厨师、咨询师……在工厂里一些需要老师父传授经验的岗位上，也仍然有师父有徒弟。

在非体力工作的职场上，带新人、做师父，虽然还会屡屡被人提起，但师徒关系的人身依附色彩已经非常淡了。

所以，师徒式的上下级关系最好。因为领导如果愿意传授自己的工作经验，你会成长得特别快。如果你能够在尊重服从领导的同时又学到本事，这和简单地为公司打工，会呈现两种完全不同的精神面貌。

现代职场上，一个好的师父一定会把握住分寸，只给徒弟传授经验、收获徒弟的效力和友谊。虽然徒弟在离职的那一刻就不再为师父效力了，但是师徒间的友谊、交情是可以延续很久的。

现在的师父也会帮徒弟出主意，甚至拿主意，但是一般是有限制场景的。

比如，需要做重要的选择时，是徒弟问了，师父再出主意：

他们会采用建议的姿态，而不是大包大揽甚至是直接替徒弟做决定；

师父如果做有倾向性的建议，会详细地解说利弊。

而且一定要记得一点：不是所有比你资深的人都是你的师父。有些年轻人初入职场，抱着一种谦逊的学生心态，看见白头发多的、发际线高的，都尊称人家一声"老师"，要跟人学东西，这是一种积极上进的态度。但人家愿不愿意真心教你，情况可能千差万别。

你的师父，应该而且只应该是你的直接领导，或是由你的直接领导任命来指导你的某位资深同事。有些公司有这样的导师制度。

一个人如果不是你的师父，还想大包大揽、给你提建议，让你听他的，说是为你好，一定要留神。这种人，大概率要么是妄人，要么居心叵测，另有所图。

你发现了吗？真正的师父会教徒弟分析利弊，带着徒弟练习本领，把本事传给徒弟。而坏心眼的人会专断地要求徒弟言听计从，他们索求的是徒弟的服从。

• 如何应对"为你好"的套路

在了解了热心师父和一些人的套路区别以后，面对这种套路，我们应该怎么拆解呢？这就要分情况对待了。

如果给你建议、说出"为你好"的人，是不相干的、爱管闲事的同事，那就说一声"谢谢"，然后该怎么做就怎么做就好了。这种是最简单的情况。

如果说出"为你好"的人，是带你入行或者指导你工作的资深同事，那就需要仔细想好应对之策。

我的应对之策有四点：致谢、坚持、甜言蜜语、讨价还价。什么意思呢？我总结了几句话，你可以参考。

"谢谢师父的指点，我再好好想想，我一定会认真考虑您的建议的。"

这就是致谢。

"我想了想，还是想试一试，这是一个难得的机会。"

"我想了想，还是不能多接一个任务，我的工作量已经足够饱和了。"

该答应的答应，该拒绝的拒绝，这就是坚持。

"您的建议给了我很多启发，真的很感激，以后还得多向您请教。"

这是甜言蜜语。

如果是一个真正为你的利益筹划、担心你吃亏的师父，他最多会觉得"年轻人，胆子大，好任性"，而不会觉得"这小子居然不听我的，等着倒霉吧"。

那如果说出"为你好"的人是你的领导，该怎么办呢？那就不要纠结了，这不是建议，而是命令。他准备牺牲你的利益，但是没准备为这种牺牲付出代价。这个时候你可以讨价还价，比如你可以说：

"您说让我多负责一个项目，我的时间会特别紧，我希望在时间上可以宽限一些。"

"您觉得我参加这个公开竞聘不妥的话，我会听您的，但是我也特别希望能跟着您多学点东西、多做点事情，下次那个集中培训我想参加，您看行吗？"

对了，如果你拒绝了"为你好"的提议，请务必做好一件事：把事情办好，最近别出错，用事实证明自己的主张是正确的。

记住，如果你坚持自己的意见，漂漂亮亮把事情做成了，赢了和师父或领导的争论，这时，你要更加谦虚，永远都别去炫耀这样的胜利。

总结

- "为你好"是胁迫接受,而且是拒绝充分讨论和说服的胁迫接受。
- 真正为你好的热心师父不会大包大揽,他会尊重你的最终选择。
- 对付"为你好"的提议,致谢、坚持、甜言蜜语和讨价还价都是非常有用的武器。
- 最终要用成果说话,把事情做漂亮了才是真赢,吵架赢了不是真的赢。

势利的人：
如何与他们相处

"势利"这两个字，往往被我们跟"小人"连用，我们也经常会把势利的人称为"势利眼"。

说一个人势利或势利眼，显然不是什么好话，但为什么有人宁愿惹人厌恶，也要表现出自己的势利呢？如果你必须跟那些势利的人打交道，又该怎么办？

• 什么是势利

首先，你要明确知道，究竟什么是势利？

势利就是，对比自己高明的、有权势的、富有的人巴结谄媚；对不如自己的、走背字儿的、失势的人嘲讽且冷漠。

势利眼在文学作品中往往以坏的、卑鄙的形象出现，经常受到作家们的讽刺、挖苦。金庸先生曾在小说《鹿鼎记》中，提到过唐朝宰相王播的故事。

王播年轻时家境贫寒，在扬州惠照寺蹭饭读书。寺里的和尚嫌贫爱富，于是就把撞钟通知吃饭的规矩偷偷改了，大家先去食堂，吃完才撞中午的钟。王播听见钟声去吃饭时，发现已经没饭可吃。他知道是和尚势利，故意作弄自己，便被迫离开了寺院。

几十年之后，王播当上了淮南节度使，扬州也归他管。当他再去惠照寺的时候，发现以前他在墙上写的诗，已经被和尚们用绿纱笼保护了起来，当作"本寺客居过的高官真迹"了。王播感慨不已，就写了一首诗："上堂已了各西东，惭愧阇黎饭后钟。三十年来尘扑面，如今始得碧纱笼。"

大概意思是，读书完了发现和尚们没给我饭吃，出去辛苦了三十年，回来再看，当年写的字，被纱笼保护得好好的。

王播的诗虽然解气，却也有点不公正，当年赶走他的和尚，跟现在管理寺院的和尚可能根本不是同一个人了。

但是，所有的民间故事里，这种嘲笑、挖苦甚至是报复势利眼的桥段，不仅群众爱看，文人也爱说。这种嘲讽不分古今中外，从《儒林外史》《鹿鼎记》，到曹雪芹、巴尔扎克的作品，其中对势利眼的厌弃，是我们每个人都能接受的。

尽管有大量的文艺作品在嘲讽和鞭笞势利的人，但生活中，势利的人却从来没有消失过，每个学校、每个公司，甚至每个家庭中，似乎都可能有这么一些势利的人。

• 当势利眼有什么好处

我经常听到这样的提问："熊师傅，怎么对付职场上的势利小人呢？"每次遇到这样的问题，我都会对提问者说："你能不能跟我说说，他势利的具体表现是什么？"

有个人说："我有个同事，以前我父亲在一个负责人位子上的时候，同事把我捧上天，整天上门问候拜访；这两年我家老爷子退了，他也就不再登门了，偶尔遇到我，也有点爱搭不理，甚至还要冷嘲热讽，我好想给他来一拳。这种人应该怎么对付呢？"

这个同事就是典型的势利眼。我们要想对付一个势利眼，就要站在他的角度去考虑，这么做有什么好处？

好处其实非常明显，人不可能维护所有的熟人关系。我们都是凡人，我们的时间和精力有限，给自己的社交做减法，减少不必要的社交损耗，是每个人都应该做的事。

然而，同样是做减法，你应该是选择把那些人品不端的、做事不靠谱的熟人在社交的清单上精简掉，但势利眼做减法只有一个标准，那就是这个人还有没有实力，有没有可能为自己所用。

• 势利眼到底错在哪里

势利眼的出发点是自利，通常来说自利无可厚非，在人际关系上做减法也没有错，势利眼的错误主要有三点：判断有误，不留余地，不把人际交往看作多边关系。

我们先来说说，为什么势利眼的判断有误。判断一个人是不是优秀、出色，前程如何，是一件相当复杂的事，有的人可能目前水平一般甚至遭遇逆境，但可能颇有潜力，正在一个爬坡期。

势利眼无一例外都是短视的人，往往会用最近一次评定或是最近的趋势来判断一个人的实力或者影响力，这是没有准头的。

你可能看过足球赛，教练安排出场阵容的时候，一定会根据最近一段时间球员的表现来决定，而不是只看这个人昨天的表现如何、上一场比赛的表现如何，如果太关注短期的状态，可能会误判有实力的球员。

同样，如果一个人受到一点小挫折，或是近期没有什么出彩露脸的表现，就认为这个人没有实力，甚至加以怠慢，那就很容易得罪有潜力的人，从而成为对方口中的"势利小人"。

那为什么说不留余地是错误的呢？我之前说过"做人留一线，日后好相见"，为人处世，尤其是在相对稳定的职场上，没有那么多你死我活的较量，更多的是团结互助的双赢。把职场当作秀场，而不是生死角逐的战场会更好。

对一个近况不好、实力下滑的人，冷漠相待容易，如果双方有过节，刻薄嘲讽几句甚至还可能让人产生快感。但是，如果能对落魄受困的人客客气气，不落井下石，对自己的职场关系更有好处。因为你不知道现在落后的人，什么时候会东山再起，什么时候会重新回到舞台上。

可是，为什么说，不把人际交往看作多边关系也是错误的呢？这是因为，对实力下滑的同事客客气气，不仅是对落魄者的尊重、体贴，也能够让周围的人看到你为人忠厚，人们都喜欢结交忠厚老实的人，而不是落井下石的人。

所以，一个人选择做势利眼，首先会影响自己的判断力，然后会得罪被他鄙视的人，最后还会让周围的人提防、厌恶。

势利眼不一定是多大程度上的坏人，但一定是愚蠢的人，他们只看到了眼前的好处，却给未来埋下了各式各样的"雷"。

• 遇到势利眼怎么办

认识到势利眼的底色是愚蠢之后，你应该也就能得出对付他的办法了。

首先，不要被势利眼激怒。你的愤怒是许多势利眼的快乐之源，当你没那么容易被他激怒，他就会觉得无趣，甚至觉得你这个人不简单。

势利眼都是有两张脸的：一张谄媚的脸和一张冷漠的脸，谄媚的脸送给当红、炙手可热的人；冷漠的脸则留给那些看上去没有前途、没有希望、不再重要的人。

你走上坡路的时候，一般认不出势利眼，往往只是觉得他们是友善的人，或是喜爱你的人。只有在处境微妙，遇到麻烦的时候，才能认出一个人是势利眼，因为他正在背后捅你刀子，对你落井下石。如果你在职场上感受到势利眼的存在，这可能也说明你目前的位置岌岌可危。

如果你被势利眼激怒，甚至把势利眼当作职场危机的根源，那也是找错了方向。

其次，你应该解决的，不是势利眼的轻蔑，而是你自己的危机。在大多数的职场困局中，矛盾都来自绩效的低迷或者和领导关系紧张。想办法去提高工作成绩或者改善和领导的关系，才是遇到危机的人最应该做的事情，即使要和领导之外的同事沟通，也应该把和盟友的关系放在第一位，因为他们才有可能帮助你渡过危局。

这个时候，哪怕一点点精力的分散都是致命的，一定不要把精力放在势利眼身上。注意了，不要把势利眼当作你职场冲突的主要目标，你可以把事情记下来，等你恢复了原来的实力，再去跟对方算账。

最后，我还想多说一句，你可以试试原谅势利眼，或者仅仅对他们进行敲打。尤其是如果你仍然需要他们的支持的时候，不要做得太过分，当面羞辱势利眼，指出他们的势利之处，可能会激怒对方。

无论他是你的下属还是平级，适度提醒，让他认识到自身的错误就可以了。毕竟，在你顺利的时候，对方更可能主动向你表达善意，而你的大度也能赢得周围人的尊重。

《三国志》中有一段记载，曹操在官渡之战后，从袁绍那里缴获了自己部下的书信，这都是下属私通敌人的证据。这些人看见袁绍强大，就给自己留了后路，去靠拢袁绍，是标准的势利眼，而且有通敌的行为，抓起来法办一点问题都没有。但是曹操没这么做，他把所有的书信拿出来，当着手下的面付之一炬，口称不再追究，因为他仍然需要这些人的力量。

当然，曹操也留了后手，他誊录了一份写信人的名单，以便对他们仔细提防。

处处留余地，处处留后手。这就是对待势利眼的最佳方案，认清了一个人的真面目、明白了他的行事准则之后，再和他社交，其实反而更容易些。

> **总结**
> - 势利眼不一定是多么坏的人，但一定是愚蠢的人。碰到势利眼的时候，不要被他激怒，你越淡定，他越消停。
> - 你要集中精力解决自己的危机。势利眼只是一面镜子，你要做的是改变现状，而不是打破镜子。
> - 友好而防备，是与势利眼最优的相处方法。把势利眼当作一种资源，给他留余地，也要防他作妖，等自己需要的时候，可以为己所用。

爱恭维和套近乎的人：
到底图什么

有这样一种人，你在职场上一定见过：他满脸微笑，特别客气，他说的话一定都是正面评价。你的每一句话、每一个行动，他都能找到可恭维的地方。

"看您的朋友圈，您的孩子最近钢琴考级通过了，真的是太优秀了。"

"您对红酒的了解，真的是让我大开眼界。"

如果只是恭维倒也罢了，他还会尽力寻找和你相近的地方。

"您是山东人啊，我也是。"

有的关系比较疏远，他也会强拉硬扯："您练拳击啊，我有个好朋友是柔道教练。"

他迫切地想找到你们相近的地方，唯恐没有立刻找到相同点，你们就无法继续下一步的社交。

这就是爱恭维和套近乎的人，有的人可能非常吃他这一套。

但是大多数时候，人们对这种人的观感并不好，觉得他们是谄媚的人。

• 恭维和套近乎是怎么回事

恭维和套近乎，几乎不会独自出现，爱恭维别人的人，几乎无一例外，都会选择跟别人套近乎，而善于套近乎的人，往往也喜欢恭维别人。这是因为恭维和套近乎，有着共同的心理机制，为什么这么说呢？

我们先来说说恭维者。恭维者的策略是这样的：我说你很优秀，你感受到了我的善意，也会认同我很优秀。这是先手善意。我先表明我的善意，这在人际交往中是一个非常好的品质。

那么恭维和称赞有什么区别呢？

称赞是真心赞扬对方的优点，仔细研究了对方的为人和做事方法之后再进行肯定。

而恭维就要无脑得多，恭维者根本没有仔细研究别人，因此会显得特别假。所以，恭维者往往不是什么社交达人，而是非常渴望社交，但是并不擅长此道的人。

恭维者特别渴望对方的认可，尤其是那种身居高位或者更加权威的人的认可。他们希望自己先认可别人，这样就能获得对方的认可。一旦获得身居高位者的认可，他们就会沾沾自喜，高兴一整天，还会顺便发个朋友圈，把对方对自己的认可，哪怕只是礼貌性质的认可，记录下来，分享给身边所有的人。

那什么是套近乎呢？套近乎是另一种形态上的恭维，它的逻辑是这样的：你是一个非常优秀的人，所以你的所有特质也都是优秀的，我正好有一个地方和你很像，所以我也是很优秀的。

有的人套近乎，情急之间是没法找到自己和对方的共同点的，就会用更远的关系来套近乎，各种亲戚朋友和对方的相似之处，也都会拿来说事儿。

总的来说，恭维和套近乎的人，他们所渴望的一定是得到别人的认可。这看似是一种示好，实际是一种交换。

这种人期待着恭维你并与你套近乎，能从你这里换回来友好、认同，甚至是亲密关系。如果你对恭维者的热情无动于衷，或是把厌恶之情挂在脸上，那就麻烦了，他们会觉得自己受到了伤害，记恨你也是有可能的。

• 恭维的人和势利的人有什么区别

势利者，奉承强者、欺凌弱者；但是恭维者，即使面对的是实力相当甚至相对较弱的人，也会先去恭维、去讨好。

势利者知道职场上谁强谁弱，他们选择强者去讨好，就是为了节约自己社交的时间和精力。恭维者则是小心翼翼，对好多人四处留赞，闲里搁置、忙里使用。毕竟恭维人几句，保不齐未来就有无心插柳柳成荫的好事。

有时候，一些刚入职场的年轻人缺乏经验，也容易受到一些不良风气的影响，以恭维者的面貌出现，花好多力气去讨好别人。而且最近几年，有些人自称是"讨好型人格"，其实这都是陷入了恭维者的状态。

• 恭维的人可交吗

这种爱套近乎和爱恭维的人，可以交往吗？

当然可以。因为恭维者本质上并不是坏人，在大多数时候，他们只是还没有摸到生存之道的人。

社交中的他们更多地像是小孩子。如果有良好的教养和知识储备，恭维者也可能"进化"，他们能够得体地称赞身边的人，成为出色的社交达人。

虽然恭维者可以相处，但是该如何相处就很有讲究了。

• 下属是恭维者应该注意什么

如果你的下属里有恭维者，他可能是最积极响应你的提议，最愿意为你跑腿、帮你干杂活儿的那个人。但是，在用他的时候也要注意这几点：克制使用、严防通敌、鼓励业务。

先说克制使用。恭维者的性格不够独立，容易受人影响，尽可能让他做一些执行层面的任务，谨慎让恭维者独挑大梁，因为他实在是太想别人说他好了。让他对接客户或者合作伙伴，他很可能会因为渴望对方的认可而牺牲自己公司的利益。

此外，当恭维者笨拙地去讨好别人、跟别人套近乎的时候，对方也可能会看出他是恭维者，从而对负责人、对你们公司起了轻慢之心。

再说严防通敌。恭维者渴望权威的认可，这个权威可不仅仅是你这个领导。大多数的恭维者，都会对公司里一切比他身份、地位、年资高的人非常在意，也想要获得他们的认可。

你的恭维者下属，可能会在你没注意的时候，就对隔壁部门里你的对手大拍马屁，说一些表忠心的话。你可别觉得他性格如此，就这么忍了，如果别人给他一些肯定、称赞，他就可能在不知情的情况下，出卖自己的领导。

这个时候你要教育他，要告诉他"某某部门和我们有竞争关系，每句话都要谨慎"。你不教他，他吃亏是早晚的事；但是你吃亏，可能就在眼前。

你要教育恭维者，却也要容忍他可能对别人低三下四、近乎卑微的那种姿态，不能随便觉得他"投敌叛变"。要记得，大多数恭维者都是相对笨拙和不得体的。

最后说鼓励业务。过度注重人际关系可能会影响工作，恭维者的时间用在内耗和无效社交上，业务是很容易生疏的，所以要多鼓励恭维者在业务上精进。

比如，你可以给他布置一些读书、学习、分析思考的任务，这对他的成长会很有好处。他渴望你的认可，你就在业务这个维度上去认可他，如果他想讨好你，就得在工作上用成绩讨好你。

而且，这种安排还会有一举两得的效果：一来可以让恭维者沉下心来，对他的成长有好处；二来能防止他被外面的力量左右，你作为他的领导也会更加安全。

• 同级别同事是恭维狂要注意什么

如果同级别有恭维狂，可能会让你痛苦不堪。因为恭维狂会引发部门内人际关系的内卷。他拼命吹捧领导之后，会引发整个部门的恭维水平大幅度上升。

这个时候你一定要把握好自己，不要在无效社交场上跟着恭维狂加码。他吹嘘领导20分钟，你就加码称赞半个小时，最后把正经事都耽误了，这肯定不行。就算全部门都去吹嘘领导而不干正事，你也应该做好自己手上的事情。

大家都不干活，干活的人才会更可贵。这个时候，你认真去解决工作上的麻烦、替领导分忧，工作上遇到难点，跟领导一对一地谈话、请示汇报，很快就会显示出你的实力来。

至于恭维者，和他正常工作合作没有问题，只要防备他用你的工作邀功就可以了。怎么防备别人邀功冒功？永远直接对你的领导汇报，不要假手他人。

没有必要和恭维者保持亲密的私交。恭维者可能确实不是坏人，但职场社交，不是人品及格的人一定要交，而是要交有帮助、有实力、对你的成长有益的人。

恭维狂如果恭维你，记得赶紧赞回去，不要欠他的人情。如果他实在没什么可夸的，也可以说这句："我就喜欢你这种生活态度，特别积极、特别正能量，永远都能看到光明的一面。"

完全不呼应恭维狂的恭维，可能会被他们怨恨。虽然他们实力较弱，但要坏你的事却也不难，得罪他们也可能会给自己埋下隐患。

你如果把他们的恭维当真，那很可能会认不清自己的实力，陷入膨胀状态，容易在职场上犯错，反而被真正的敌人抓住了机会。

总结

- 爱恭维和套近乎的大多是渴望被权威认可的人,为此他们会先认可别人。
- 势利的人只巴结有实力的人,爱恭维的人可能对所有人都讨好。
- 谨慎任用恭维者下属,防备他们去巴结别的权威,同时督促他们在业务上成长。
- 如果平级同事是恭维狂的话,记得不要学他,而是要帮你的领导排忧解难。

万事先求人的人：
要和他们尽快"切割"

不知道你有没有遇到过这样一种情况。你们部门一直缺人，虽然有一个空岗位，但是招来招去，都没有靠谱的人，每个人都干着额外的工作，经常忙中出错。

终于，领导带来了一个新人，请大家多帮助他。你看着这位新人，小伙子人长得挺精神，做自我介绍时说起话来文质彬彬。关键是，他为人还特别谦虚，给人感觉特别客气。

"我的经验不足，还请大家多帮助我，我先谢谢大家了。"

你暗暗松了一口气，觉得这家伙看着挺靠谱，应该不会拖大家后腿。你按照领导的吩咐，把相应的工作交给了新人，也写好了帮助文档，甚至还给他介绍了你的经验心得。

第二天，新人拿着工作来找你了。"姐（哥），这块业务我不会，您这次能不能先帮我做了，我来看一看，熟悉一下？"

你看着这张谦虚的脸，觉得有点不可思议，看上去人也不笨，为什么教了一遍还是教不会呢？你决定再给他讲一遍。两个小时之后，他好像听懂了，去忙了，你也终于能腾出手来忙自己的工作了。

第三天，他又从 ABC 开始问你，好像一切都没有发生过。"我还是不太明白，您这个月能不能再带我一次？"

下个月，还是同样的项目，还是同样的笑脸，新人又一次跑来求助你了。后来你发现，别的同事也开始吐槽：

"那家伙根本就不行啊。"

"还是拉不下脸，你看他多会求人。"

"能力这么差还能进来，应该是跟集团领导有亲戚关系吧。"

这种人在职场上很常见，如果你觉得这是他还没有适应岗位，是新人期的阵痛，那就大错特错了。

几个月之后，他就会成功进化成嬉皮笑脸、死皮赖脸的老油条，各种求人帮忙。从取个文件，到下楼拿个外卖，再到工作上的任务，通勤时候的蹭车，他能成功地把别人出于好心替他做的所有事都变成别人的事，如果你不慎没给他办好，还要被他絮絮叨叨说个没完。

这就是万事先求人的人，这种人推诿自己的所有任务、事情，只要能把事情推给别人，就绝不手软。

当然了，你身边的这种人，可能没有案例里的这么极端。不过这种人在职场上很常见，而且他们的破坏力虽然缓慢，但特别惊人。

• 他们到底是怎样一种人

万事先求人的人，大多数本质上都是没担当的人。

"关系未成年人"是那些在人际关系中严重依赖父母、配偶、同事，没法独立做决定，也不愿意承担任何责任的人，他们往往在情感上依赖他人，喜欢撒娇，总是把自己的事情甩给别人，喜欢迁怒于人。

这种人不愿意费力气、做选择、担风险，在职场上和情感关系中，"关系未成年人"都是非常令人头疼的人。因为他们不会按照成人世界的规则"出牌"，而且希望用情绪去影响别人、控制别人，喜欢卖惨、哭穷、装可怜，让别人因为同情和怜悯而为他们做事、为他们付出。没担当的人正是"关系未成年人"中的一种。"关系未成年人"在职场上应对工作的时候，往往就会表现为没担当，他们总是希望用各种方式把工作甩给别人，能赖就赖。

这种人如果是面目可憎的老同事，你也许不会买他们的账。但是，如果他们以"新同事""新人"的面貌出现，很多人都会被他们迷惑。

他们用"不熟悉""不了解"为托词,掩盖自己"不想做""不想动脑子"的实质,体面的职场人往往会对新入行或者新换工作的同事抱有善意,这就中了他们的招。你以为是在教一个小白,日后他会感激你;其实你是在帮一个懒鬼,他不止压榨你,还自鸣得意。

还有一类万事先求人的是资质比较差、工作能力低下的人。不过这种极端情况非常少,这些人也没有"绑架"别人的能力。你拒绝他们后,他们很容易退缩,面对这种人你不要圣母心发作试图拯救他们就行了。

大多数情况下,没担当、所有事情都求人的人,都是聪明的,狡猾的,善于利用别人、影响别人的高手。他们不怕欠别人的人情债,对你的帮助受之坦然,觉得是理所当然,他们把"互相帮助"挂在嘴上,但几乎不会帮你的忙,偶尔帮一把也能炫耀上一个月。

此外,这些人也是极度缺乏主观能动性的人,他们没有工作和进步的意愿,但是对利益分配和提升机会绝对不会手软。

没担当、不怕欠人情,对工作不去想也不愿意想,还贪心,这就是大多数万事先求人的人的本质。

• 万事先求人的人会带来哪些危害

分析完了他们的本质，再来看看这种人通常会带来哪些危害呢？简单来说就是四点：领导被拖累、同事起冲突、团队生猜忌和风气被败坏。

先说领导被拖累。对部门领导来说，最舒服的状态是如果用心抓工作，就能出成绩；如果一时有什么事务缠身，部门也能自行运转，不至于出事。部门的自行运转有一个必需条件，就是每个同事都能胜任自己的工作。

万事先求人的人，不能胜任自己的工作，领导就必须在团队内部协调，指派别的同事帮助他们，名义上的工作分配和实质工作就会不同，这会给领导增加额外的工作量和职场损耗。

有些性格软弱或者思路不清晰的领导，就会转向去欺负更本分、更忠诚的下属，上下级之间的不快就此产生了。

接着说同事起冲突。自己能力不够或是懒惰逃避，把工作扔给同事，这会引发非常严重的冲突。对万事先求人者，心软或是喜欢讨好别人的同事，会接下对方甩来的工作，心生怨念而又厌恶跟人起冲突；比较有原则的同事，则会坚决不接对方甩来的锅，这就会造成同事之间的冲突。

再来看团队生猜忌。只要领导牺牲更老实本分的下属，纵容团队内出现新的不平不公,就会有各种各样的谣言出现。

我前面提到的,大家怀疑万事求人者跟上面的领导有联系,这算是比较温和的一种谣言了。现实中,如果部门领导和万事求人者是异性,大家一定会首先怀疑他们有某种亲密关系。这种关系如果坐实,或者非常可疑,同事们一定会离心离德。

最后说说风气被败坏。万事求人者不太可能空手套白狼,有的人为了能够更好地甩掉任务,确实可能会和领导或是能够帮助他的同事,发展某些亲密关系。办公室恋情是非常危险的恋情,如果再有婚外恋的情形,更会让全部门的评价受损。

此外,还会败坏团队风气。团队里努力上进的风气,会因为一个万事求人的家伙而变得荡然无存。

万事求人者的出现,就是给团队捅软刀子。明明没有挫折,团队却从内部被瓦解。如果没处理好他,团队所有人都会是输家,万事求人者没正经工作,却蹭了成就。等团队解散了,他一定是拍拍屁股就走。

• 如何对付万事先求人的人

万事先求人的人,不太可能是你的领导,他也没什么可求你的,直接命令安排你去做就好了。

如果万事求人的人是你的平级同事,只要果断拒绝他的求助就够了。这对一些人来说非常容易,但是对一些比较注重"同事关系","与人为善",渴望讨所有人喜欢的人来说,非常难。因为说"不行"这两个字,要好好练习、做很多的心理建设才能做到。

如果你拒绝别人有困难,那就再想一想这种没担当的人的危害,想到他会坑害你的领导、让同事们反目成仇,你拒绝他,就有了勇气。

如果万事先求人的人是你的下属,那一定要尽快切割。

万事先求人的人,一定藏不住。有的会在试用期露馅,有的熬过试用期后一两个月,也会暴露出来。身为领导,一定要果断下决心,赶紧辞退他。哪怕公司人力对补偿金表示不满也一定要坚持。千万不要因为这个人是自己挑的就硬着头皮留下,留下就是个雷。

还有一种棘手的情况,这个人确实有一点关系,是上面的领导要求你用的,裁掉他几乎没有可能。

这种时候就要跟领导哭哭惨,收了一个不好用的人,你不抱怨,他就会蒙混过关,如果你不能裁掉这个人,那就想办法跟领导要点什么别的东西。比如换来更多评优、提升的机会,同时尽量让那个有关系的人不纳入你的成就考核,然后哄着这个人,不折腾、不闹事就行了。

上面给的东西越多，你能在部门内部分配的资源就越多。忍一个没本事、没担当的人，要来一些东西，补偿给那些因为这个家伙额外付出的好下属，部门成员会明白你的苦衷，也会接受这个现实的，公平评价、公正分配，是最好的驭下之道。

总结

- 万事先求人的人，其实是没有担当的"关系未成年人"。
- 这种人不愿意对工作负责，但是热衷名利，他们如果得势，会拖累领导、败坏团队风气。
- 遇到这样的平级同事，什么事都要尽量拒绝；下属里有这样的人，能裁掉就裁掉，实在裁不掉的话，就看看能不能从领导那里换点资源。

爱传流言闲话的人：
如何避免被这种人中伤

民营企业也好，事业单位也罢，都有一些暗处的眼睛和耳朵。你的一举一动，比如偶尔的闲谈，聊电话时说出的一句话，都会被这些耳朵和眼睛的主人收集起来。

他们可能还会捕风捉影，脑补一堆恶劣的情节。比如你对哪位领导不满，你拿了哪家公司回扣，你在外边欠了债快破产了，等等。他们会把这些恶毒的揣测传遍整个办公室，令你有口难辩，悲愤交加。

你可能也遇到过这样的人，没错，这就是爱传流言和闲话的人。

• 为什么有些人爱传播流言

你肯定听过"狼来了"的故事，不同种族、不同民族都有这个故事，它表现的就是人类共同的难题。

传谣言这种费力不讨好的坏事，每一代都有人来做，说明这件事有些诱惑，符合人类的劣根性。在我看来，不负责任地散播谣言、中伤他人，至少有三个好处：贬低潜在的对手，获得身边人的关注和认可，获得职场权力。

先说贬低潜在的对手。每个人都知道职场上有竞争，有些机会转瞬即逝。一个人领先了一步，很可能就会占据先机，一直领先，很难被超越。

对待竞争，有的人会选择奋起直追，有些人会"迂回"到有机会的部门或者跳槽，也有的人幻想做的事情，是把跑在前面的人拉下来。爱传播流言的人就是这么看待职场竞争的，把你踩下去，他就能上来。

再来看看获得身边人的关注和认可。一个人如果掌握了一些传言，他就可以在谈话中掌握话题的主导权。

如果你是一个能力出众、做事非常踏实的人，会觉得："这有什么意思，变成一次聊天的焦点难道很重要吗？"但是，对有些人来说，他们会痴迷于这种关注，甚至为此铤而走险。

现在，很多网络社交平台上，每年都会有人对一些灾难事故造谣，这些人也会因此受到法律的惩处。但是，在公司里传流言蜚语的代价要低得多，比如传某人拿了合作公司的回扣、某人在身体或者精神上有缺陷等。

被传谣的人往往要疲于奔命地去证明自己。而一旦辟谣成功，传谣甚至造谣的人只要一句"我也是听人说的"就能逃脱追究了。

最后说说获得职场权力。传谣者除了能够收获关注，也能够获得非常真实的权力。一些职场经验不够丰富、容易轻信他人的人，很容易认为传谣者的实力非常强大。

"他能打听出来这些消息，一定有自己的信息渠道吧。"

"这个人好厉害，不要惹他，不然以后会有麻烦。"

其实传谣者根本就没有什么渠道，都是听一点小道消息，再自己补上想要的一切。

当一个小规模内部的坏话，变成一个影响了部门、公司甚至行业的大谣言的时候，传谣者就会成为众人畏惧的人。可是，他哪有什么人多势众，只是把乐意听八卦消息的人都绑架在了自己的战车上而已。

• 他们到底是什么样的人

我列举几个特质，你可以尝试着去辨别一下。这几点都符合的人，大概率就是一个爱传播流言的人。

比如，他可能是合法竞争中的失败者。流言是落后者的武器，也是最廉价的武器。一个已经占尽上风、当上部门领导的人，可以有很多手段去对付下属里和自己不对付的人，但是下打上、弱打强，很多都是使用谣言做武器。

又比如，他缺乏同理心，不会站在别人的角度上思考，对别人的苦难没有同情之心。因为传谣者根本不在乎你难过不难过，无辜的人会不会受到伤害。他们以道德化身自居，却对自己根本没有任何道德要求。

再比如，他的情绪控制力很低。在他听到谣言的那一刻，他几乎是带着狂热，已经做好了添油加醋、二手贩卖的准备，他对核实一件事毫无耐心。

所以，工作上不得意、自以为是、带有疯狂的道德狂热、毫不体谅、缺乏判断力，这就是爱传谣者的特征，你一定要小心这样的人。如果有对你不利的谣言出现，你就要优先考虑是不是这种家伙干的。

• 如何防备爱传流言的人

其实，这些爱传谣的家伙看起来并不凶猛，也没有太强的攻击性，但是产生的毒素却可能经久不散。比如，和一个强势的同事争吵，你可能会生气一晚上。但是，一个恶毒的谣言传出来，这种伤害持续到三五年后，那都是可能的。

所以，对付传谣者，我们要注意四点：不主动冒犯；偶尔小恩小惠；绝对不跟对方交心；听听也无妨，但要把自己"绑起来"。

先说不主动冒犯。对那种有传谣潜质和"前科"的人，不要主动去攻击他、刺激他，因为他有"毒牙"。

然后说偶尔小恩小惠。不要排斥用小恩小惠来收买别人，即使是先哲孔子也相信一点，小人是可以被利益驱动的，即使你不愿意用利益去收买、驱动小人，那适当的小恩小惠也会让对方减少一点对你的恶意和攻击。

接下来是绝对不交心。和传谣者的沟通尽量只控制在多人场景，最好是有三四个人在场，这样对方和自己的交谈会有见证人。同时尽量只和他聊安全话题，私下给对方说一点自己家里的事，未来不一定会被他传成什么样。

最后，如果你要听对方传谣，记得把自己"绑起来"。希腊史诗《奥德赛》里有一个剧情，主人公奥德修斯的船经过一个海湾，旁边的小岛上有塞壬女妖，能唱迷惑人心的歌曲，将过往的船只引向小岛。所以，奥德修斯要把船员的耳朵用蜂蜡堵上，再让他们把自己绑起来，不然就会陷入塞壬女妖的魔音，无法活着离开这个海湾。

现实生活中，谣言就像塞壬女妖的魔音，而八卦是一些人的劣根性，如果你一定要听对方传播的流言，记得要把自己"绑起来"，听完之后不要去继续传播。

另外，尽管有些强大的职场玩家会利用传谣者，但我建议，你还是不要挑战这种大规模杀伤性的武器。传谣者不是牛或马，而是不能驯化的野驴，你要用它当坐骑，很可能会先伤到自己。

• 遇到谣言攻击应该如何反击

即使你已经知道怎么防备传谣者，很多时候还是会防不胜防，被谣言攻击。如果你在职场上遇到过谣言攻击，可能会有这样的苦恼：

想说给周围的同事听，只怕他们有的人还没听过谣言，担心自己一说，反而把谣言又传了一遍。但是不说的话，谣言会越传越多。

这种时候，最常见也是最有效的策略，就是用行动来辟谣。比如，如果有人说你的婚姻快破裂了，那第二天就让你的配偶来跟你会合，接你下班，两个人亲亲热热的，谣言不攻自破。

汉高祖刘邦和项羽打仗的时候，胸口曾经被一箭射中，身受重伤，回营之后，关于汉王已经死了的消息就传开了，张良这时候赶紧让刘邦起来，去各营地巡视，用行动来击破谣言，将士们果然都安定了下来。

但是，辟谣只是所有工作的第一步，别忘了，职场上最重要的关系是你和领导的关系。这时，你要跟领导解释清楚事实，同时还要认真请教和求助。

求助的时候要这样开口："公司里出现了这样的谣言，我虽然是第一受害人，但同时也在伤害团队、影响工作，我想知道，如果您是跟我一样的处境，您会怎么做？"

如果你拿到了证据，也要拿出来："我觉得是某某在造谣，我手上有证据。"

职场上的流言不会直接伤人，它们传进领导的耳朵，领导信了，才会起作用，才会对你造成伤害。特别离谱荒诞的流言，说不定还会让领导同情你，或者跟你同仇敌忾。

接下来，就是利用好你的盟友。遇到流言，盟友越多，你的局面就越有利。

流言是一对多的几何式传播，如果信任你、对你友善的同事居多，有的人可能会在流言第一轮传播的时候就出面打断："你说得不对，×××不是这样的人。"

传谣者最痛恨的，就是自己精心炮制的流言，被阻击、被打断，他们可能会很快失去兴趣，转向别的目标。

虽然不是所有的盟友都会站出来维护你，但是他们至少会私下跟你通风报信，告诉你谁在传谣。

如果对方已经造谣成功，单位里的人都半信半疑了，还有一个办法。确认造谣、传谣的人之后，直接跟他起一次冲突。一定要吵得凶一点，用工作上占理的由头，让公司的人都看到你们有恩怨，而且积怨很深，未来对方再给你造谣，周围的人就会觉得："他俩有私怨，所以他说的这件事，恐怕未必是真的。"

注意，这件事一定要在你跟领导解释和求助之后。如果没有这个铺垫，你和传谣者可能都会被领导认作是想惹麻烦的人。

> **总结**
> - 传谣是为了踩对手、博眼球和"绑架"同事们从而获得权力。
> - 谣言是弱打强的武器，传谣的人不会手软，也不会同情你。不要招惹，更不要加入或者利用传谣者。
> - 谣言出现了，要用事实和行动辟谣，而你和领导的关系在这一刻是最重要的。
> - 如果你有拥戴你的下属或者同事，就能很好地阻击谣言，信任你的人越多，你越不容易被伤害。

Part 3

反常的人
不要被他们激怒,然后再反制

有些家伙特别气人,他们尤其知道怎么毁掉你的心情,这些"奇葩"为什么会这么说、这么做?我来告诉你答案。

赤裸裸谈论利益的人：
可以信任吗

你可能在职场上遇到过这样一种人：他们的脸上似乎写着，对一切人类美德和规则的不屑。他张口就是："没有永远的朋友，没有永远的敌人，只有永远的利益。"

就在你目瞪口呆的时候，他还会得意扬扬地说："你也要记住，不要被什么江湖道义束缚住手脚。"

如果喝了几杯酒、唱了几首歌，他可能还会装出一副掏心掏肺的样子，对着年轻同事大放厥词："你得给别人好处，别人才会帮你，人和人就是利益连接的，什么欣赏啊，什么友谊啊，都是胡扯。"

这种赤裸裸谈论利益的人，私底下还有一种称呼就是"真小人"。

对这种人的评价非常两极化。有的人说："这个人目无规则，不可交，你跟他打交道，他随时会出卖你。"有人则说："真小人比伪君子好得多,至少他们什么利益都摆在桌面上说。"还有的人会生出怜悯之心,觉得这个爱说冷漠残忍话的人,一定是经历过很大的打击或不幸,也许在他那种愤世嫉俗的话语背后,还藏着一个真诚易碎的灵魂。

到底谁说得对呢?听起来都有道理,但其实都不准确。这一节我就来给你讲透,这种赤裸裸谈论利益的人。我们一起看看,真小人是怎么形成的,他们的弱点是什么,应该如何跟这种人相处。

• 真小人是怎么形成的

什么样的人才算是真小人呢?他们必须符合两个条件:首先,这个人相信,人和人之间关系的本质是利益交换;其次,这个人经常会把这种念头讲给别人听。

请注意,除了实力和利益,什么都不信的狠角色,并不是真小人。真小人和这些狠角色有非常显著的区别,因为他们特别在乎传播自己的理念,而且以此为荣。

为什么会这样呢?因为真小人都是自恋程度很高的人。他们反复地传播自己信奉的那些信条,把一些看上去带有冒犯性的话挂在嘴边。这就说明他们极度渴望引起别人的关注。他们明知道冒犯性的言论会引起别人的注意,但还是忍不住去追求那种似是而非的"深刻"。

真小人希望把"我是一个难搞的人"的想法公之于世，希望做了这么一个表态之后，所有的人都会老老实实的，不再去招惹他。可是，这种想法本身就是大错特错的。因为人际关系中并不存在你用了一个策略，未来 30 年就能一劳永逸这种神话。

所以，如果一个人内心相信利益至上，并且不断传播这种理念，才算得上是真小人。

• 真小人的弱点

在各种历史人物中，吕布的角色就非常接近于真小人。这个人对仁义道德不屑一顾，觉得天下人都是装腔作势、利欲熏心。他宣扬一种靠着力量生存、依着利益结盟的理念。曹操说吕布是鹰犬，要让他做自己的打手，他就表现得兴高采烈。

这就是真小人的通病，也是他们的弱点：无牌咋呼、言多必失和过度短视。

先说无牌咋呼。如果你玩过德州扑克，可能知道有些人手上的牌明明很小，却吆五喝六甚至挑衅对手，让对方觉得自己的牌很大，吓得对方退出比赛。这就是德州扑克里的"咋呼"。

在职场上，真小人也是如此。他们是相对比较边缘的人，要么起点很低，要么前途不顺，这种人没有什么可以经营的人脉或者值得利用的资本，偏偏又对自己的期待非常高，这就使得他们倾向于显得比自己真正的实力强大得多。

历史上，吕布杀死董卓之后，就一直在走咋呼的路子，仗着自己名满天下，到处想着算计别人的地盘。他对付刘备游刃有余，但是真的遇到袁绍、袁术和曹操这些实力强大的人，他的咋呼就不灵了。

所以，咋呼并不能成为真小人的日常策略，他们的咋呼行为只能吓退那些谨慎的人。

再说言多必失。真小人过度的自我暴露，会给自己带来风险，他们会不断变着花样，重复表现"我是一个危险人物"，这会让一些人心生厌恶，和他们为敌。

而且，真小人每次关于利益的宣言，都会把自己的野心抖搂给身边的人听，从而引起别人的防备。

最后说说过度短视。人和人之间是利益的连接，这话没有错。但一到求人的时候，就立刻去送礼打钱，这就是被利益推着做事，也是一种短视的行为。

如果眼光放长远，结交那些看上去还没有太强大的伙伴，同情弱者，改善自己的风评，这是讲利益还是谈理想呢？

其实，理想、规则、道德和利益，本来就是一体多面。尊重一切社会良俗，本身就是为长远的利益考虑，这是更明智的做法，比真小人的幼稚行为要高明得多，也好看得多。

所以，要会讲大道理，会把大道理讲得有趣，会把大道理讲到生活中，讲到人情里，这才是真正的关系达人。

而真小人的生存策略，其实就是用亮牌的方式，获取短期的利益，或者是社交注意。但是手中无牌，轻易就会被看穿，实际上并不会改变他的社交状况，对他自己一点好处也没有。

• 平级同事是真小人怎么办

说完了真小人的弱点，我们再来看看，如果你的平级同事是一个真小人，你该如何和他相处？

我给你总结了四个要诀：不要欣赏、绝不依靠、在商言商和不要规劝。

第一，不要欣赏真小人。有的人可能会觉得，真小人还有那么一点可爱。尤其是有些真小人，喜欢攀比曹操，他们觉得那句"宁教我负天下人，休教天下人负我"，就是真小人这个门派的传世名言。

这就是学艺不精乱用典。这句话出自小说《三国演义》，化用了野史里的一句"宁我负人，毋人负我"，所以，千万不能把小说当历史资料看,更不能把小说台词当作人物真相。

在历史上,曹操是个狠角色,而且他最知道怎么讲大道理。曹操的自述文章《让县自明本志令》里有一句"设使国家无有孤,不知当几人称帝,几人称王!"就是典型的阐述大义。意思是,天下要是没有我曹操,不知又有几人称帝称王。

曹操非常清楚怎么做对自己有利的事,怎样说对自己有利的话,他是政治家,可不是真小人。

所以,不要把真小人的话当真,更不要去称赞和表达欣赏,那是拿自己去给他们背书,会降低你的风评。

第二是千万别依靠真小人。他没有所谓忠诚和道义的概念,随时都能背叛你,而且他很乐意把这种念头告诉所有人。这就说明,道义谴责和感情羁绊对他来说都没有用。

如果真被小人背叛,你只会遭到身边人的嘲笑:"他已经大声嚷嚷自己不是好人了,你还要信赖他,怪谁呢?"

第三是在商言商。真小人既然明说了自己愿意被利益驱使,那驱使他们的最好办法就是许诺利益。真小人的宣言还有一个暗含的条件,那就是他们也做好了被别人出卖的准备。

第四是不要规劝。真小人变成现在的样子,情况非常复杂。千万不要想着去教育他。所谓忠言逆耳,他很可能因此对你怀恨在心。规劝是朋友之间才适合做的事情,你和真小人之间既然是利益关系，就不要做这种费力不讨好的事。

记住了，与真小人相处不要太走心。他只认利益不谈感情，需要用到他的时候，也只和他谈利益就够了。

• 下属里有真小人要特别提防

说完平级同事是真小人的情况，如果你的下属里有真小人，我还要嘱咐你一些需要特别留神的地方，因为他们很多时候能坏你的事。

如果你的团队里有真小人，可以试试用这三个招数来减少损失：单独谈话、分割包围和高帽奉承。

先说单独谈话。对待真小人下属，最好是直截了当地告诉他，他的行为让你很困扰。比如，他故意公开对升职加薪的制度表示不满，你可以跟他说：

"你也是老员工了，有些话可能是对的，但没有必要公开说，年底有加薪的机会，我已经把你报上去了，别让人说闲话，自己把机会给浪费了。"哪怕他是多个加薪人员当中的一个，也要把这事当利益说给他听。

再说分割包围。要把他和别的下属，尤其是那种年轻的、容易受他影响的同事分割开来。找这些下属谈一谈，跟他们分享一下年轻时候努力的心得，树立正面榜样，真小人就很难拆台，很难打入了。

最后说说高帽奉承。有的真小人确实有点工作能力，这个时候该认可要认可。要记得，真小人是渴望关注、渴望被认可的人。你即使对他的人品和世界观不赞同，只要对方能够漂亮地完成任务，就值得称赞。

给真小人高帽奉承并不会治好他，这样的人很难改变，但是这种做法更像是一种病毒抑制剂，能让他不去危害团队。

别试图改变真小人，也不要对他心存幻想。一定要记住，别觉得赤裸裸谈论利益的人，会有一个稍一关怀就成了暖男的灵魂。这又不是拍电视剧。

总结

- 真小人极度自恋，渴望别人的关注，他们爱用咋呼策略，热爱输出世界观，还非常短视。
- 如果平级同事里有真小人，不要欣赏、绝不依靠、在商言商、不要规劝。
- 如果下属里有真小人，记得不要让他们腐蚀你团队里的年轻人，可以偶尔称赞一下，但永远不要对他们心存幻想。

爱卖惨的人：
到底有什么目的

你可能在社交媒体上看见过一些得了重病的人，或者是遭受过严重自然灾害的人，这时候你会想拿起手机给对方捐一笔钱，就是单纯地希望这位陌生人的情况能变好。这就是人类弥足珍贵的同理心。

如果是相熟的人遇到了困难，你不仅会在金钱上相助，也会在感情上加以安慰："一切都会好起来的，不好的事情都会过去的。"

可是，偏偏有一种人，他就永远过不去生活的坎儿。

当你第一次听到他的凄惨遭遇，你会觉得这个人需要帮助，你竭尽全力帮他，而且在未来的日子里尽可能地对他友善。

你给他介绍工作机会，把他推荐给自己的朋友，帮他卖家乡的土特产……

但是，后来你发现，这个人倾向于把自己的一切遭遇都往悲惨上解释。他的遭遇就是他的社交资源，他希望所有人都同情他。他遇到的所有坏事，都是他收获新关系、维系老关系的本钱。

这其实就是一个卖惨的人。那应该怎么区分一个人是真惨还是在卖惨？这种卖惨的人有哪些类型？如果不慎和一个卖惨的人纠缠在一起，你应该如何摆脱他？下面我就来给你分析一下卖惨的人。

• 卖惨的人和真惨的人是两回事

生活中，谈论自己的悲惨遭遇并不就是卖惨，人遭遇不幸的时候，把经历说出来确实是一种非常有用的缓解方式。因为倾诉能让自己恢复内心自洽，缓解压力；还能够获得朋友的支持和帮助，也能给朋友提供经验教训。

那到底该怎么区分真惨的人和卖惨的人呢？

如果细心观察，你会发现，真惨的人在倾诉自己的苦闷时，往往只说事情，也只对事情发表议论；不会反复讲述自己的悲惨遭遇，说完一次，就整装出发了；也不会拿苦难当作他的社交资本，只会说给亲近的朋友听；而且，家人朋友安慰他、给他鼓励后，他会表示感谢。

而卖惨的人就全然不同了。第一，卖惨的人会从事情不行直接说到自己不行。

"我果然是什么都不行啊。"

"我真是个废物啊。"

"我真是厄运缠身啊。"

这时候心地善良的你,别无选择,只能一个劲地安慰他。

第二,卖惨的人会用高浓度的情绪浸泡你。他会拉着你一起沉浸在他的情绪中,让你也逐渐陷入泥沼痛苦不堪。你要让自己恢复平衡、变得舒服一点,就只有先拯救他。

于是你开始帮助他改善他的局面,帮他处理工作,替他向厌恶他的领导求情,深度介入他的各种麻烦。

第三,卖惨的人会有非常明显的道德绑架行为。如果你试图离开卖惨者,他就会端出自己的绝望给你看:"果然朋友也要离开我了!""怎么活着这么难啊!"

一旦你心软了,决定帮他,麻烦就来了,前边提到的种种情况就开始循环往复。

第四,卖惨的人见谁跟谁卖惨,恨不得给自己写一本传记。于是你只好劝自己,他就算不是个好人,好歹也没什么大错。如果这么想,那你可就错了,你想要救的根本就不是一个正常人,而是一个行走的人设和套路。

他们的目的只有一个:零成本获得你的一切资源和帮助。

• 三种不同路数的卖惨者

你可能会想：如果卖惨的人处境改善了，我帮他把麻烦解决了，他是不是就可以变成一个看起来比较正常的人了？

并不是。好多被卖惨的人缠上的好心人，都是这样一点点沦陷的。

你永远都不会是他的最后一个朋友，他也永远不会拿你当真朋友，他只是在盘算你有多少资源，有多少可以利用的价值。当你不再有价值，被他吃干抹净的时候，他就会盯上下一个目标了。

卖惨的人一般有哪些套路呢？我总结了三种类型：贩卖理想、控诉不公、反思原生家庭。

先说贩卖理想的卖惨者。有时候我们会在创业圈遇到这样的人，他把自己的公司做得一团糟，跟合伙人、投资人的关系也搞得一团糟，拖欠了许多员工工资、客户款项。但是，他却会情深意切地在公号上写小作文，说自己是如何卖了房子追求理想的，多少人背弃了自己，多少人不理解自己，现在就快活不下去了，等等。

可能真的会有不认识的人去替他点赞叫好，还卖力转发，觉得他是一个理想主义者。

因为很多人对惊心动魄、轰轰烈烈实在是太向往了，以至于此时根本不会去分辨，这人到底是真有理想还是大忽悠。

遇到谈论理想的卖惨者，你要看好自己的钱包，千万不要随便投资、借钱给对方，你要保护好自己的人际关系，不要随便介绍有钱的朋友给他认识，免得落埋怨。

再来看控诉不公的卖惨者。他口中的世界，永远对他抱有敌意。比如公司老板是无良资本家，同行是狠心贼，部门腐败，同事贪婪……总之，都是他被辜负、被伤害，都让他郁郁不得志。

你可能还会想"这个人这么好，为什么要受这么多的苦难啊"。你的下一个心理活动，可能就是"要不我对他好一点吧"。请注意，如果你有了这个念头，你就掉进了卖惨者的大坑，永无宁日了。

最后再来看看反思原生家庭的卖惨者。这种人爱和别人谈论自己的家庭冲突，比如小时候妈妈苛刻，父亲暴力。近几年，越来越多的人了解到原生家庭对性格的影响，所以这类话题很能引起共鸣。

如果一个人跟你谈论他的父母有多么变态扭曲，可能是因为你们已经非常亲近了，但这也有可能只是一种想要拉近关系的套路。

卖惨者对你强调"我不擅长和我的父母相处"时，如果你的家庭关系非常和谐，你就成了一个经验介绍者；如果你和父母的关系也很紧张，那你和他就成了可以互相理解的两个人。

大多数用原生家庭来卖惨的人，家里的关系都没有他说的那么糟糕。说得更直白一点，他可能就是为了讨好你，进而达到控制你的目的。

需要注意的是，现实中的卖惨者，更多时候是混合了刚刚我们讲的三种类型的套路，他们既谈论理想，又控诉世界，还批判父母家人。

• 应该如何对付卖惨者

卖惨者一般不会吝啬自己的"销售"行为，只要有人的地方，他们就会开始卖惨。他们的目的也很简单，看看扔出去的饵，有谁愿意上钩。所以，只要见一两次面，基本就能识别出卖惨者，你想防备他们可以先下手为强，采取隔离策略。

卖惨者的主要手段，就是讲述他们的悲惨故事。想要让卖惨者明白你不会上钩，就要从讲故事开始打断他们。比如，贩卖理想的卖惨者，在他开始谈论理想的时候，你就及时打断："所以你现在最大的苦恼是什么？资金缺乏是吗？但是我手上没有钱，恐怕不能帮到你。"

因为在故事展开之前打断，你们尚有距离，拒绝起来会相对容易。如果你被他牵着鼻子走，一直"嗯嗯嗯"地把故事听完,那就麻烦了。

对付控诉不公的卖惨者,最好的办法就是诉诸迷信。比如,你可以说:"天空飞来五个字,那都不是事,哎,要不你去拜一拜,转转运?"把他渴望对全世界的控诉,转嫁到对自己运气的改善上,就能逃离他满满的负能量。

这种安慰都是场面话,一定会让卖惨者极其失望。不过没关系,我们的目的就是让卖惨者失望,进而对你失去兴趣。

对那种想要聊原生家庭的卖惨者,多引用几句老话就好了。

"哎,你说得都对,老年人肯定有各种各样的问题,那代人有他们的局限性。"

"但是,天下无不是的父母,我们说到底还是要和他们好好相处不是?"

如果你发现对方在卖惨,可能希望以此来控制你的时候,先说这些话特别有效,他可能会认为,你这个人思想老套,但是没关系,他就不会再烦你了。

如果在人际交往当中,想要保持话题继续,你也可以顺着说。但保持话题继续,不是我们社交的目的,社交是为了选择合适的关系进行深度发展,如果你觉得一个人不对劲,那就赶紧说他不认可、不喜欢听的话,好让你们保持一定的距离。

只要他卖惨,你们就不深交。这个策略把握住了,你就不会吃亏了。

最后，有一类卖惨者不会出现在社交场合中，而是出现在一对一的场合中，比如吐槽前任的卖惨者。

记得一定要离他远一点，千万不要觉得"这个人这么优秀为什么还过得这么惨"。

倘若对他起心动念：一定是他没遇到对的人吧。你如果这样想，就是接了他的饵，你的苦难便从此开始。

总结
- 卖惨者有四个特点：否定自己、情绪浸泡、道德绑架和见谁跟谁卖惨。
- 卖惨者有三种套路：贩卖理想、控诉不公、反思原生家庭。
- 对付他们最好的办法，就是及时打断和采取隔离策略，只要他卖惨，就不要和他深交。

喜欢夸夸其谈的人：
为什么不能委以重任

你在工作中可能遇到过这样一种人：他们的脸上充斥着自信满满的神情，好像在说"你别想着蒙我"。

他急于贩卖自己听来的小道消息；他喜欢对一切事物发表看法，做出评价，哪怕是自己不了解的话题；他对别人的一切决策指指点点；他急于炫耀自己并不丰富的人生经验和过往经历。

这种人通常都有一张"大明白脸"。他们可以说是职场上非常让人厌恶的类型之一。

如果仅仅是言语无味、面目可憎也就算了。他们不仅会降低谈话的格调，还可能把同事、领导甚至是整个团队，都带到错误的路上，让所有人蒙受损失。

本来分享工作或者人生经验，是职场交流中非常重要的一部分。如果因为有一个"大明白"同事，就回避一切分享、沟通，那最后吃亏的就是你和你的团队了。

所以,你需要把认真分享经验和心得的同事,和只想着证明自己厉害的"大明白"区分开来。

那到底应该怎么识别"大明白",进而更好地应对他们呢?如果你有个这样的下属,如何防止他坏事?这一节,我就为你分析一下"大明白"。

如何识别"大明白"

其实,"大明白"的本质,是妄人。这种人对自己的认识、评价都有问题,往往会高估自己的实力。

"大明白"并不愚蠢,现实中他们甚至还有着广泛的兴趣爱好,读书也不少。你可能会问,那"大明白"和真正学识渊博的人有什么区别呢?具体来看,"大明白"有几个特征:炫耀式求知、来路不明的摄入、没独创性的看法和大包大揽的判断。

先说炫耀式求知。"大明白"求知的目的就是炫耀,这使得他在阅读的时候,往往只看小标题和梗概,并没有深入研究一件事的始末,或者一本书里作者的观点是如何形成的,这使得他容易蒙人,也容易被人蒙。

然后说来路不明的摄入。一些"大明白"求知的渠道属于野路子，他们没有受过正规的教育，特别偏爱那种能一句话说清楚的结论，尽力避免复杂费力的分析。

再来看没独创性的看法。"大明白"对具体问题、对世界的看法几乎没有原创性，他们往往倾向于拿一个现成的结论直接用，甚至连在朋友圈里写的笑话都是从网上抄来的。

最后说说大包大揽的判断。一个人是好人还是坏人，一件事是有利还是有害，真正聪明的人一定会分析条件，然后加以判断，充分考虑事情的复杂性。但是"大明白"会把话说得特别满，他不喜欢描述事情，总要当场分一个是非对错。

如果你发现一个人，总是炫耀自己什么都懂，话又说得特别满，让其他人感觉他的潜台词是"我的看法最正确，都得听我说话"，这个人大概率就是"大明白"。

• "大明白"到底错在哪里

读书多少、掌握多少知识，并不是学识渊博的人和"大明白"的根本区别。"大明白"真正的问题，在于他们对知识、对求知这件事的态度。他们到底错在哪里呢？简单来说，就是"人太菜，又太想红"。

"大明白"不愿意勤奋研究、踏实练习，这就会使他们缺乏真正的经验。缺乏实践经验的莽夫和可疑的二手知识相结合，就有了惊人的破坏力。

如果团队里，领导是一个精通业务、熟悉人性的老江湖，"大明白"确实掀不起什么浪。在一个正常的团体里，要么不会有"大明白"，如果有的话，"大明白"也一定是被大家当作笑话来解闷的。

但如果领导不懂业务，那"大明白"就会兴风作浪。

北宋末年，金兵攻打东京汴梁城，宋徽宗是个高超的艺术家，并且非常迷信，但是治国和打仗全不在行。他信任了一个叫郭京的"大师"。郭大师告诉宋徽宗，只要找7777个士兵，编成神军去和敌人作战，就能大胜。结果大败而归，汴梁城的局势一下子就变得难以收拾了。之后，靖康之变，宋徽宗父子被俘虏，官员百姓有上百万人被杀害、掳走或流亡。

所以，不要只顾看笑话，一旦领导有所松懈，"大明白"就会坑害整个团队，最后你也逃不掉。

• 如何应对"大明白"同事

说清了"大明白"惹祸的原理，你也了解了"大明白"和学识渊博之人的区别。那该怎么应对"大明白"呢？我总结了一个原则和三个招法。

"大明白"无论在工作中还是闲谈中都希望占尽上风、获得主动,如果你在每个话题上都和他"寸土必争",那你就什么正经事都干不成了。

所以,只在工作中对抗"大明白",他也会在工作中收敛不靠谱的看法。想要在工作上对抗"大明白",最重要的原则就是抓住领导。做好这一点,你有三招可以用。

第一招叫预防针策略。"大明白"气场很强、脸皮很厚,如果一件事没有结论,就拿到会上讨论,那你的领导很可能会被他的歪理邪说带跑偏。

所以,一件事要上会讨论,又事关你的项目或者任务,那就要在上会前去跟领导谈一次,先做说服工作,领导有了倾向性,就不容易受别人影响。

第二招叫场外求援。一件事要想顺利通过,除了跟领导沟通,还应该和盟友沟通,一定要优先选择领域里最有发言权的人。

"某某同事以前在美国公司工作过,对这块业务最熟悉,还是注册会计师,我想听听他的意见。"这就像打官司一样,传唤一个对你最有利的证人。

可不要觉得这会给盟友添麻烦,职场上千万不要怕麻烦,如果你有好牌不打,那对手也会打出他自己的好牌。

"大明白"也有自己的盟友,一些居心叵测或者跟你有利益冲突的人，可能站在"大明白"那一边。

举个例子，古往今来最有名的"大明白"，就是"纸上谈兵"的赵括。战国时的赵括喜欢谈论军事，但又没有基层带兵的经验，赵王觉得老将廉颇打仗保守，就想要用赵括换掉廉颇。这件事，正常人都不赞同，赵括的母亲都跟赵王说，自己的儿子不会带兵，不能用。但是赵王身边有一群被秦国收买的间谍，纷纷跟他说赵括是少年才俊，秦国不怕廉颇就怕赵括。于是，赵括就在这些居心叵测的人的支持之下，走上了赵国军队主帅的位置，结果大家都知道的。

第三招叫自我强化。这一招是对领导喊话，意思是"请交给我，这是我的领域"。

这种舍我其谁的架势一定要有，如果有一点犹豫、一点退让，那领导可能就会采纳"大明白"的主意，你辛辛苦苦的努力，可能都会被这个家伙的一个建议搅黄。所以，一定要学会使用这个策略，对你特别有用。

• 下属有"大明白"应该怎么办

还有一种情况，如果你是领导，自己的团队里有个"大明白"，那对团队的伤害就大了。

在有些公司或单位，想要解聘、辞退一个人非常难，而且人手有限，大家都是一个萝卜一个坑。你身为领导，既不能辞退"大明白"，还必须要给他安排工作任务。这时候该怎么办呢？我给你提供几个方法。

第一个方法，在他开口之前定调。你不需要"大明白"的建议，那就在一件事展开讨论之前，先说自己的看法，然后只让大家谈论执行方案。

第二个方法，让"大明白"提方案，出分析报告。也就是说，让"大明白"成为一个方案的提出者，而不是批判者。

大多数的"大明白"都是批判精神过剩，执行能力不足。让"大明白"来做方案，一方面可以锻炼他的思考能力，另一方面也让他处于无法攻击、无法随意批评的位置上。这种安排很像"留作业"，对"大明白"性格的改善和成长也是有好处的。

第三个方法是多称赞勤恳踏实的人。如果你希望下属成为某种人，那就在人群中特意称赞这样的人。如果你一直称赞"大明白"、鼓励"大明白"，那你就会招来更多的"大明白"，你的团队里也有人会变得爱炫耀知识、爱夸夸其谈。

第四个方法是提要求。明确指示"大明白"脚踏实地工作，告诉他评判标准是什么，应该怎样做。只要对方有改善、有进步，就私底下肯定他一两次，只谈做得好的细节，一对一的交谈是必不可少的。

即使你是领导，也不要刻意去打击、羞辱"大明白"。这种人善于言辞，离你又很近，激怒他，他就会向你职场上的敌人靠近，出卖关于你的情报。

一些年少轻狂的"大明白"，可能会因为基层工作的锤炼变得成熟起来；一些年纪已经很大、性格也非常固执的恶性"大明白"，可进步的空间就比较小。

总之，无论年少还是年长的"大明白"，你都不要抱有期待，更不要委以重任。因为他们行动的重点，从来就不是公司的利益和自己的成长，他们只在乎自己的利益和虚名，只在乎热闹和炫耀。

> **总结**
> - "大明白"的特点是：炫耀性求知、来路不明的摄入、没独创性的看法和大包大揽的判断。
> - 对抗"大明白"，要抓住领导、团结盟友、强调自己是行家。
> - 下属中有"大明白"，可以让他明白你的态度，给他"留作业"，但不要抱有任何期待，也别信任他。

缺乏教养的人：
如何打击他们的嚣张气焰

职场上有一类人，是缺乏教养的人。这种缺乏教养的人，基本上可以归为四类，你可能也遇到过。

比如，他们可能是噪声冒犯者。这种人面相凶恶，喜欢跟人吵架，一言不合就当场翻脸。而且，他们音色刺耳、嗓门大得吓人，经常在工位上大声打私人电话，甚至外放音乐。

又比如，他们可能是气味冒犯者。他们不修边幅、体味熏天，明明办公室禁烟，却随手摸出一包烟来，脱鞋办公，在狭窄的办公室里吃有浓烈气味的食物。

再比如，他们可能是肢体冒犯者。你桌子上的小摆设，他们随手就拿走了。经过你的工位，就要摸摸你的头，拍拍你的肩膀。

最后，还有一种是语言冒犯者。有的人爱说脏话，有的人专门说得罪人的话，还觉得自己率真耿直。

"你胖了！"

"35岁了，找对象也不容易了吧。"

"你男朋友不要你真是有理由的。"

这"四大金刚"都是缺乏教养的人。他们一般不会单独出现，而是各个方面都缺乏教养，是四类冒犯者的组合类型，甚至是四合一的集大成者。

有时你可能想，算了吧，毕竟只有上班时间见到他，忍忍就好了。但是你忍他一寸，他就会进你一尺。他的冒犯会严重降低你的工作效率，影响你的身心健康，甚至会扰乱你的正常工作。下面我就来详细讲讲，怎么跟缺乏教养的人斗争。

• 办公室里的生活斗争原则

办公室是工作场所，同时也是大家度过一天漫长时光的地方。一想到一天有三分之一甚至二分之一的时间，都要消耗在办公室里，维护好办公室的秩序，对提升每个人的幸福感来说都是至关重要的。

和职场上事关效率或者跟个人、部门利益的斗争不同，关于生活细节的斗争，非常独特。想要在办公室里打击缺乏教养的人，你一定要把握住这四个原则：正面提主张；请求领导支持；用好行政助力；团结其他受害者。

请注意，一定要按照我说的这个顺序来操作，接下来我给你详细展开说说原因。

• 为什么要正面提主张

如果你希望一个同事改掉他缺乏教养的坏习惯，那一定要先找他本人谈。正面提意见，首先是要正面，不要通过别人去说，也不要旁敲侧击，讲寓言、说怪话。

你可能会说"不敢"，一旦你在职场上说出这两个字，你就从此被人拿捏住了。

你不要因为对方面相凶、块头大、资历深，就觉得他是一个非常可怕的人，也不要觉得不好意思跟他提出要求。

曾经有人跟我说，她给一个抽烟的同事提意见，那个人置若罔闻，我就问她是怎么提的。

她说，"我是这么说的，某些人根本就不考虑大家的感受，二手烟的危害了解一下"。

我告诉她不能这么提意见，缺乏教养的人，脑子一般转不过第二个弯，也没有太多体谅别人的心情，他们很少会对号入座，从来没觉得别人说的是自己。提意见应该这么说：

"你在办公室抽烟，让我非常不舒服，请你不要在屋里抽烟了，好不好？"

"你说了好几次我的体重，让我觉得特别不舒服，请你以后不要就这个话题嘲笑我了，可以吗？"

"你这么碰我，我不舒服，请你不要再这么做了。"

准确地指出他做事不妥，你深受其害，就是提出了明确的主张。

职场上一定要敢于提出明确的主张，明确的主张不冒犯人，反而是"注意点""自觉点"这样的话，大家的理解各不相同。只要说话注意方式方法，不故意挑衅人，就不会得罪对方。

你可能还会觉得，毕竟大家每天低头不见抬头见的，不好撕破脸。对，对方也会这么觉得。

职场是一场长跑，你们可能要维持三年甚至更长时间的合作关系，对方也会考虑你会不会厌恶他、憎恨他。完全不考虑别人感受的人是极少数，教养差的人大多不是恶意欺凌别人的坏人，而是看见你可以忍，就得寸进尺的那种鸡贼的人。

有一类人的情况可以绕开这个环节，就是每天努力洗澡换衣服却仍然体味熏人的人。这种人不是教养不好，而是有疾病。你对他提意见没什么用，可以直接求助于行政部门的同事帮助解决。

• 请求领导支持

如果正面提意见没有效果的话，你就可以向领导求助了。注意，这里的领导说的是你的直接领导，千万别一封信反映到集团管理层，那事情就大了。

这里我再多说一句，职场上最重要的关系，是你和直属领导的关系。如果你觉得自己受委屈、感受比较差，先跟自己的直属领导谈，请他出面解决，才是守规矩、懂礼数的做法。

因为领导说话最管用，而且直接越过直属领导找其他部门或者再上一级，公司高层可能会觉得你的直属领导管不住手下，影响他的打分和风评。但如果你的领导根本不知道这件事，那你们以后的相处就麻烦了。

一般来说，天底下没有只管工作的领导，哪怕是再临时的一个团队，负责人除了抓业务，也会负责一些人际关系协调的工作。

大多数领导都会支持下属的合理要求，会去找教养差的同事谈谈。领导对教养不好的同事可能也有意见，当有人提出来的时候，他会去跟那个下属谈的。

领导管噪声冒犯、气味冒犯都是很有效果的，肢体和语言的冒犯，最好是领导在场而对方挑衅的时候，直接反击给领导看更为直观。

不过也有例外，如果领导本身就是一个制造噪声、在办公室抽烟、满嘴脏话的家伙，下面的人也是这个样子，他肯定是不会管的。

这个时候只有一个办法，先去跟领导谈谈，希望他能够以身作则先改变自己，别指望给下面的人提意见能让领导也顺便收敛，这是不可能的。

如果领导不管怎么办？比如领导本身就粗鲁、缺少教养，他完全可能会对你的意见置若罔闻，甚至觉得你是在挑衅。

这时候，如果你觉得这个部门有发展前途，或者你的收入很高，那就忍忍。如果不是，我劝你趁早换个地方，没必要在差劲的地方受委屈。

• 用好行政助力

如果领导自身教养没问题，你反馈了情况之后，领导不想管，或者领导不知道该怎么管，这时求助于行政部门就是正常的操作了。

行政部门是每个单位的支持部门，本来就是"生活委员"的角色，他们帮助你解决问题是责无旁贷的。

行政部门主要管的，就是噪声和气味方面的冒犯。因为动作冒犯、言语冒犯是无形的和暂时的，而噪声和气味的冒犯是可以追溯、可以查证的。

请托行政部门的时候，注意要用求助的姿态。不是让行政部门去收拾那个教养差的人，而是请他们去帮助改善他的缺点，这点能让你显得少一些敌意。

行政部门有一些成熟的招数，去对付这些教养不好的人。比如给他发一副耳机，让他通话的时候用，调整工位安排，建议他就医，等等。

我们最终的目的是解决问题，消除困扰，而不是收拾教养差的同事，让他吃苦头。千万要明白这一点，不要定错了目标。

还有，在跟支援部门，比如行政、人事、财务、法务部门的同事打交道时，你千万要记得一个原则：好好说话。

• 团结其他受害者

如果上面这些办法效果都不好，你还可以跟身边的同事一起谴责教养差的同事。不过，这个办法一定是最后一步。

因为如果你是牵头者，最容易遭到对方的憎恨。他会觉得是你们一起合起伙来对付他，不会认为是自己的行为激怒了大家，而是会觉得你组织了一帮人要对付他。

只有在你们发生正面言语冲突的时候，另一个帮你说话的同事才是有用的。如果教养不好的同事是那种喜欢言语冒犯的家伙，那其他的受害者一起谴责会更有帮助。

请注意，你们只应该是一种就事论事站在一起的人，而不应该成为一个紧密的联盟。你确实可以和一些看不惯这家伙的人走得更近一点，但是不要因为这些事情就跟和你有冲突的人对立起来。还是要以大局为重，要考虑谁是你的盟友，谁是你的对手，而不是你跟谁一起反对一个抽烟或者毒舌的同事。

嘴巴毒、嗓门高的人可能惹你厌恶，但未必会拆你的台、坏你的事、抢你的位子。在任何时候，都要先提防那些可能夺走你现在的位子、抢走你手上项目的人。

总结

- 如果缺乏教养的人已经给你的工作造成了困扰，那就集中精力去解决它。
- 最有用的四个招数是：正面提主张、请求领导支持、用好行政助力和团结其他受害者。
- 按照大局行事，不要因个人素养的冲突而决定站队，那就是舍本逐末了。

易怒的人：
最不可怕的就是这些家伙

易怒，简单解释就是脾气不好，容易发怒。脾气就是人性，脾气不好就是人的性格不好。在亲密关系和友谊中，遇到脾气暴躁的人，不要为难自己和这种人交往。

但是在工作中，如果遇到易怒的人，你可能无法避开。而且和伴侣或者朋友相比，你对职场上遇到的易怒者，可能了解并不多。

那如何在不熟悉易怒之人的情况下，判断对方是什么样的人呢？易怒的人"背后"到底是暴躁狠毒，还是虚张声势？我们又该如何对抗易怒者？下面我就来给你详细讲讲。

- **易怒者的两种类型**

如果让你从文学作品或历史人物中选一个易怒的人，你会想到谁呢？很多人可能都会想到张飞、李逵，他们都是大黑脸，

"暴躁协会"的主要成员。

易怒者看起来都差不多，但其实他们内部是可以细分的。对付不同的易怒者，采用的策略也是不一样的。

总的来说，易怒的人有两种类型：对事怒和对人怒。

首先说说对事怒。有些人容易被琐碎的小事"点燃"，比如排队人太多、路上很堵车，家里网络不好，甚至空气污染都会让他当场上头。

对事易怒的人，大多是急性子的人，特别渴望一切有序。职场上这种人非常多，只要一看见低效的、笨拙的、愚蠢的工作方式，或是细碎的任务，立刻就会怒气上头。

在《水浒传》里有一个人——"霹雳火"秦明，他就是典型的容易对事怒的人，所以"智多星"吴用要抓他也很容易。只要用细节让他一直发怒，很快他就失去了判断力，难以掌控局面，最后只能束手就擒。

说完了对事怒，我们再来看看对人怒。有些人很容易被看不惯的人激怒。《三国演义》里的张飞就是这样的易怒者。他对看着顺眼的人，怎么客气、怎么礼贤下士都可以；但是对那种看上去磨磨叽叽的人，当场就要跟人动手。他可以招抚豪迈的老将严颜，但是对办事不力或是不吃他劝酒的部将，就会狠狠殴打。这种人就是对人怒。

• 领导是易怒者怎么办

了解了这两种类型的易怒者，我们再来看看怎么对付易怒者。这就需要看看易怒者是你的领导、平级同事还是下属，不同的角色，招法也不同。

如果碰巧这位易怒者是你的领导，领导的怒气，是我们最先要解决的问题，因为职场上最重要的人际关系就是你和领导的关系。

对事怒的领导，追求的是效率。假如你有一个对事怒类型的领导，那你应该做好工作规划。比如你负责领导的日程安排，就必须严谨到分到秒，他最厌恶的就是安排失控。

如果领导的怒气是因为你的工作失误，最好的办法就是认真道歉。无论这是不是你的责任，只要你在他身边，就要尽快挽救局面，控制住损失。先不要考虑追责的问题，等局面控制住了，再慢慢对领导说这件事是谁的责任。

这种领导的怒气，来得快去得也快，如果你不再犯，他也不会找你的麻烦。

但是"来得快"这件事太伤人，怒气一上来，领导的恶言恶语也就脱口而出。承受这种人的怒气，很多话不能太往心里去，要把他发泄情绪的部分和提出要求的部分区分开来，牢牢记住他的要求和工作安排。

对人怒的领导，容易对人产生偏见。这种人对付起来复杂一些。他会把人分为"喜欢的"和"不喜欢的"两类，这个区分标准，他不会说，或者也说不清，但是他自己心里明白。一旦你成了他喜欢的人，他会非常迁就，对你高看一眼；如果你不幸成为他不喜欢的人，那就麻烦了，对人怒的领导是非常挑剔的。

如果被对人怒的领导误解，一定要第一时间分辩，要在他形成偏见之前尽快洗清自己，因为这种人容易找后账。虽然有些领导会因为你的辩解而更加愤怒，但是不加分辩的话，只会"死"得更惨。大多数情况下，下属都无法扭转困局，最后走人了之。

对人怒的领导，往往在形成偏见之前会有一段容错期。但也有的会因为一句话、一个行动就对人有了偏见。

无论他的偏见形成是快还是慢，他和对事怒的领导最大的区别就是，对人怒的领导，怒气不容易散去，容易形成积怨。三国时期的孙权，就是一个对人易怒的领导，历史上他厌恶的人很多，后来杀掉的厌恶之人也很多，他的脾气比张飞坏多了。

总的来说，无论对人型还是对事型的易怒者，都是性格存在缺陷的人。高明的管理者不需要用大发雷霆的方式来表达自己的决心或者推进项目。

大多数易怒的领导，之所以随便对下属发怒，一来对自己掌控部门是有信心的，二来他的心里有一句潜台词：你们能把我怎么样。

- **如何对付易怒的平级同事**

除了领导易怒，职场上还有一些人，也会对自己的平级同事发怒。他们可能和你资历差不多，或是资历稍微深一点，只要一点事情不如他意，就立刻大发雷霆。如果你细细琢磨，他其实不能把你怎么样，但是他发脾气的时候，你可能不知不觉就按照他的吩咐去做，按照他的节奏去走了。

对平级同事发怒是一种策略，他的情绪像暴风骤雨一样袭来，就像拳击台上的一套组合拳，只要你好好防守，就会发现这几招力量其实非常一般。但是如果你的情绪受了影响，被他的这套组合拳吓到了，就可能被连连击中，当场倒地。

这确实是一种策略，但这是很笨的策略，如果用在害羞、胆小的同事身上，能打出碾压的效果；而对稍微有点江湖经验的同事，则全然无效；如果是两个易怒者狭路相逢，那就会吵出热闹，吵出麻烦来。

对付这种易怒者，只要坚定一个信念就够了：这家伙不能把我怎么样。

遇到这种人肆意跟你宣泄情绪的时候，等他嚷累了再回答是最有效的方法。记住，不能不回嘴，你的盟友或是你的下属也在看着你，期待你维护自己的权益。但是直接调高音量去争吵，绝对是个傻念头。

正确的做法，是在对方开始扯起嗓子喊的时候，念一句能让你平心静气的口诀。比如，你可以默念"小燕子，穿花衣，年年春天来这里，我问燕子为啥来，燕子说，就不告诉你，就不告诉你，就不告诉你"。此时，对方的气势开始下降，这个时候开始夺回你的主动权。你可以说：

"请坐。"

"我理解你生气了，但我不明白你到底在为什么生气。"

"请你平静一下，说一下你的问题，你的主张到底是什么？"

"我觉得我们为了工作的心情是一样的，这一点没问题吧？"

"那这样，我可以帮你协调一下这件事，但是你要给我提供……"

只要你不卑不亢把话说得清楚明白，围观者就会觉得是你赢了。如果你忍气吞声，你的手下或者盟友就会觉得你在犯怵，你就已经输了。

对平级同事发怒的，几乎没有什么狠角色，大多数都是有枣没枣打三竿子的人。他们有的是没法控制自己的情绪，也有的是策略性地怒一下，来套路你。你不吃这一套，他下次就老实跟你讲道理了。

一定要记得，吵架不要站着吵，吵架经验少的人，愤怒激动的时候，腿颤抖得可能很厉害。

总的来说，不要太担心喜欢宣泄情绪的家伙。喜怒不形于色的同事，才是我们更需要注意的。

• 如何跟易怒的下属相处

最后，我们再来说说容易对领导发怒的下属。

你可能会问，还有敢跟领导发怒的下属吗？确实有。但是这种下属非常少。

我建议，如果你的下属跟你发脾气，好好想想他是单纯地发泄情绪，还是有一些必须要提的建议。

如果是想要发泄的人，别惯着，该裁掉就裁掉。如果你的单位不好裁人，那就把他放到最边缘、权力最小的岗位上，直到他改了为止。

如果对方是向你提建议，而且很有道理，那就跟他私下谈一次，肯定他对部门、对公司的用心，同时建议他控制自己的情绪。

有一些下属，从来不对领导发怒，但是在平级、下级或者临时工中耀武扬威。这种人得好好劝诫一下，他的易怒不仅会给自己树敌，导致内部的矛盾激化，也容易产生不可预测的风险。

最重要的一点是，发脾气是个人情绪的一种释放。一个部门里如果只有一个人可以发脾气，那一定只能是一把手。二把手比一把手脾气大，年深日久一把手就容易被架空，一些下属可能会站错队。

如果是普通员工比领导的脾气大，在全部门撑天撑地的话，那就麻烦了。其他同事会怎么想呢？他们可能会觉得：

"这个人领导管不住。"

"这个人一定在上面有关系。"

如果这个易怒的人，碰巧和领导是不同性别，还可能在团队里形成别的说法："你看她训完领导，领导还惴惴不安的，他俩是不是有什么问题？"

总之，不要让这种事发生，私自发脾气的下属一定要管，第一次不管，以后想管就难了。

> **总结**
> - 对事易怒的人怒火来得快去得也快；对人易怒的人怒火持久，更记仇。
> - 对事易怒和对人易怒的领导是两种类型，前者追求效率，后者则会对不同的人进行划分。
> - 对于易怒的平级同事，你要积极对抗，要把他拉到讲道理的起点线。
> - 如果下属乱发脾气一定要管，一个团队如果只有一个人可以发脾气，那个人往往是团队的领导。

过度自恋的人：
不要被可气之人轻易激怒

你在职场上可能遇到过这样的人，那张脸上满满地写着对他自己的爱，他的一言一行，无不散发着这样一种气息：我是最重要的，我是最优秀的，我是最被人喜欢的。

工作之中，他在乎的不是事情应该怎么做才好，而是这件事他是怎么想的。工作之余的闲聊当中，他永远都在谈论自己的事情；对别人的话题没有耐心，也不会加入，永远都在做谈话的主角。他们只谈论自己，而且只允许自己被正面评价。

如果你试图纠正他对世界的错误认识，或是他对自己的过度赞誉，那麻烦就来了。他会对全世界喊话，说你欺负他、针对他、虐待他，甚至还会哭闹。有"明白人"会悄悄跟你说："知道厉害了吧，别招惹他，不然麻烦死了。"

可是，说起来容易做起来难，你免不了要跟这样的人对接工作，三五句他就会把话题从工作扯到自己。如果你还跟这样的人面对面坐，就更不可能完全不理他。

这些过度自恋的人，到底是怎么想的呢？你该怎么去对抗这种人的情感勒索？下面我就来给你细细拆解一下。

• 过度自恋者是一种"关系未成年人"

其实自恋这件事，几乎人人都有，出门前照照镜子，觉得自己好像还挺好看的；跟相亲对象见面，觉得自己能找到更好的；又或是觉得自己写的东西比别人写得好。这些都是正常范围内的自恋。

正常的自恋有助于我们维护内心的自洽，也能给自己的努力上进提供动力。但是正常人的自恋有一个尺度，就是它局限在人的自我交流当中。比如你给自己打气，跟自己说"我很棒"，最多也就是扩散到极其亲近的关系中，比如伴侣、好朋友、孩子。

而过度外露的自恋，就是一种吸引别人注意力的幼稚的表现了。因为只有小孩才会这样争夺大人的注意力。家里来了客人，他们就把自己考了 100 分的事情说给叔叔阿姨听；或者拿出一个酷酷的小太阳镜戴着给大家看。

小朋友这么做是可爱，成年人要是这么做，就会让人起鸡皮疙瘩，这就是过度自恋者在职场上不招人待见的原因。

"关系未成年人"不喜欢自己做决定，想要别人代替自己决定。他们一方面依赖别人；另一方面又渴望自己能够像那些给亲戚表演节目的小孩子一样，得到全家人的关注。其实，过度自恋的人就是这样一种"关系未成年人"。

过度自恋者在职场上，采用的是一种以缩为进的策略。注意，是以"缩"为进，不是以退为进。如果你点破自恋者在吸引别人注意力，对他的行事方式有负面评价的时候，他就会快速退缩成一个球，果断自闭起来。而且他的意思很明确，你要对他的退缩和萎靡负全部责任。

除了展示自己的退缩，自恋者还有一个有力武器，那就是跟权威者哭告。自恋者一般和部门领导的关系都不错，或者说，领导不愿意去招惹他，宁愿哄着点他，息事宁人。

这就让自恋者和领导的心理距离很近，平时有关个人利益或是内部恩怨的好多事，如果直接去跟领导提压力会非常大，但是自恋者可以像开玩笑一样，轻松地把这些话说出来。这就是我们常说的撒娇。

你可能会说，领导是聪明人，怎么会上自恋者的套儿呢？

还真会有。大多数对自恋者迁就又照顾的领导，并没有接受他们钱物或其他方面的好处，就是单纯地被自恋者贴上了，时间久了就会被对方影响。

除了领导，团队里还有一种性格温厚善良的人，也容易被自恋者吃定，就是我们说的有圣母心，老大姐类型的同事。

这些人有男有女，他们虽然不是领导，但是说话有些威望，圣母心同事并不是真正认可自恋者，但是他们会被自恋者的那种孩子气吸引和拿捏，他们不会期待自恋者改变自己的行为模式，而是劝部门里的每个人都惯着自恋者。

简单总结一下就是，吸引注意力，以缩为进，跟权威者哭告，吃定圣母心同事，这就是自恋者在职场上的存活之道。

• 如何接住自恋者的招

明白了自恋者的行事逻辑，那怎么才能抵挡自恋者的攻击呢？

从前面的讲述中，你肯定已经明白，自恋者的攻击不会一上来就特别猛烈。他们起初会故意和你撒娇，先把你的注意力吸引过来。如果你不接茬，就会给你摆臭脸；如果你还不接招，那他就会像小孩一样跟你赌气，或者干脆把自己封闭起来，拒绝跟你沟通。

当你意识到自恋者在使用这些花招的第一时间，就要赶紧打断他，不能让他继续。因为他发泄情绪需要酝酿一段时间，千万不要等着他发大招。

应该怎么打断他呢？你的第一步，就是要用行动代替退让。

你可能会说，真不理他吧，同事之间又不想闹僵，怪不好意思的；但是一接茬，就只能迁就他，否则就一直没完没了。

如果你这么想，那就坏了，他的第一步就得手了。

正确的做法是赶紧用其他行动来回避他的影响。比如，你可以说："上次的项目中，你的方案创意很好。当时具体是什么情况来着，你能再跟我详细说说吗？"

先转移他的注意力，回避他这次的情绪影响。接下来第二步，重新回到谈工作上。

你可以说："你刚才说的对我太有帮助了，有很多可以借鉴的经验。但是，这次新项目面临的情况不一样了，那我们做对应的调整是不是更好，比如……"

你要详细跟他分析具体的情况，让他继续跟你推进工作。而且，在工作中，一步也不要退让，否则就会顺了对方的心，被他牵着鼻子走。

那怎么避免陷入僵局呢？有一个好的方法，就是开出对他不利的条件，这样你就有了讨价还价的余地。

如果是工作分工，那就让他多干一点；如果是利益分配，那就让他少得一点。这个条件，一定要比你心里可以接受的底价高一点，千万不要把你的底价报给他。

自恋者跟你撒娇也好，摆臭脸也罢，目的就是让你在工作的事情上退让。所以，把自己能够接受的底线报给对方，那自恋者的目的就达到了。把条件多倾向于你自己一点，让他来讨价还价。

只要你这么做，自恋者就不能再继续沉浸在自己的情绪里，而是要跟你回到谈判桌上。讨价还价是成年人的行为，只要他开始跟你讨价还价，他那种像小孩子一样去控制你、绑架你的计划就不攻自破了。

所以，用行动代替退让，从情绪回到工作上，开出一个对他不利的条件，让他来讨价还价，这就是和自恋者讨论工作时候的应对方式。

• 如何对抗自恋者的日常输出

可是，职场上的沟通不全是工作沟通，自恋者在日常闲谈中，也会不断输出让人觉得不快的信息。

你可能会说，"不理他不就行了"。遗憾的是，没这么简单，这些人会不断强行刷存在感，你很难控制。

你可能也会说，"干脆直接怼他"。这也是不对的。闲谈是非压力场景，如果直接转化成压力场景，周围的同事都会受到影响，还可能会迁怒于你。

而且，冷嘲热讽让对方出洋相也没有必要，因为自恋者虽然是不讨喜的人，但和邪恶无关，与他为敌，会让别人觉得你是一个刻薄的人。

左也不是，右也不行，那到底该怎么办呢？我总结了三个策略，你可以试试。

首先，我们可以在话题上拦住自恋者。避免谈论自恋者沉迷的话题，如果他喜欢谈论运动，那就回避运动话题；如果她喜欢谈论美妆，那就回避美妆话题；如果她觉得自己的孩子是天底下最完美的，那就直接回避与孩子相关的话题。闲聊话题还是应该聚焦于所有人都能谈论的话题，比如健康、天气、美食等。

其次，要放下照顾人的心态。好多人对闲聊不冷场有特别大的执念。有人提起一个话题，就生怕话掉到地下，于是拼命接话。如果你在职场上这么体贴、这么照顾人，会非常辛苦。

自恋者提出了一个大家都不爱聊的话题，你可以不接话。该喝茶喝茶，该吃饭吃饭，不要试图去接、去圆。你以为这是说话的艺术，其实大家都能看得出你在强努。

对了，如果那个宠溺自恋者的老大姐也在谈话中，可以把老大姐当作谈话的中心，多称赞她。自恋者如果忍不住去跟老大姐争抢风头，那未来老大姐就不会帮他了。

最后，就是多跟领导沟通。如果你日常要跟自恋者对接工作，那就尤其要注意跟领导多沟通。

自恋者提议你们怎么做，你是怎么应对的，都要写下来发给领导，邮件也好，办公系统消息也好，都要让领导知道。

如果自恋者和你有了分歧，领导那里事先知道，就不会随随便便稀里糊涂地做出决定。

> **总结**
> - 过度自恋者是"关系未成年人"的一种，他们吸引注意力、用退缩"绑架"同事，寄生在权威人士或是职场老人的保护之下。
> - 在工作上最重要的是去引导自恋者，不断把他拉回到具体工作上来，回避他的情绪招数。
> - 日常闲谈的时候挑选合适的话题，不要去照顾自恋者。

Part 4

复杂的人
如何与多变的人相处

这些人很难摸透,他们把自己的真实想法隐藏得很好。别担心,读完这部分,你也能理解职场上的复杂人格。

喜怒不形于色的人：
一定是天然的领导者吗

你可能见过这样一种人：他没有极端表情，但私下有很多思考。遇到麻烦事，他不会大悲；遇到开心的事情，他也不会大喜。这种人性格特别稳定。他会克制自己的情绪，而且似乎不需要专门费力去克制，而是自然而然就能做到这一点。

你可能经常听别人说，这种人未来能成大事。实践中，好多人确实印证了这样的说法。比如，你也可以看看你们公司的大领导，估计绝大多数都是这样的人。这就是喜怒不形于色的人。

那么，喜怒不形于色到底有什么好处和坏处？如何才能拥有一张喜怒不形于色的脸？如果你天生就是一个情绪外露的人，是不是在职场上就没有大发展了呢？

• 喜怒不形于色的好处

我们先来看看，喜怒不形于色有哪些好处。我总结了三点：被人信赖、方便保密、不容易说错话。

我们先说被人信赖，这就要回到"喜怒不形于色"这个描写的最早来源了。这个描写最早见于西晋陈寿的《三国志》。《三国志·蜀书·先主传》里有一句："喜怒不形于色，好交结豪侠，年少争附之。"意思是刘备这个人，开心和愤怒的表情都不会出现在脸上，他好结交豪侠，年轻人争相去追随他。

人们天生就会倾向于追随那些看上去更沉稳、更深沉、更可信赖的人。喜怒不形于色的人就是这样的人，这也使得这类人最接近于天然的领袖。

我们再来看第二个好处，方便保密。不只是中国人，欧美人也觉得喜怒不形于色的人很厉害。经典电影《教父》里，老教父柯里昂就是一个喜怒不形于色的人，他低沉的嗓音和深不可测的表情，使得那些最狂妄的人都会让他三分、怕他三分。

其实老教父并非生来如此，而是在投身黑手党的时候，变成了一个内敛深沉的人。因为他每天都面临着同行和警方的监视、侦查，甚至是暗算，如果性格跳脱奔放，那一定死得很快。老教父教育儿子不要情绪外露时曾经说过："永远不要让对手知道你在想什么。"

消灭了自己的极端表情，让面容和肢体都成为情绪的黑箱，是他保护自己、防备对手的一个妙招。

说完电影，我们再回到日常生活中。今天之所以有些人特别推崇喜怒不形于色，就是因为自己嘴巴不严、感情外露，容易被人预料到下一步行动。

喜怒不形于色的第三个好处是，能让人少说话，减少失误和冒犯的可能。同一个人，在兴高采烈或者勃然大怒的时候，话都会变多；在情绪低落阴郁的时候，话就会少。话说多了，人就显得轻佻、幼稚、好对付，而且可能会直接冒犯人、得罪人。所以，只要控制住自己的表情、话语，就能少犯一些错误。

看到这里，你是不是觉得喜怒不形于色的好处很多？别着急，我再告诉你一件事，它带来的坏处也不少。

• 喜怒不形于色也会吃亏

喜怒不形于色的人不一定是人际关系达人，有这种脸孔的人也会吃苦头。

比如刘备，虽然因为自己的沉稳结交了许多朋友，在年轻人中有一定号召力。但也有很多人对他的评价不佳，因为看不透他的想法，下属会觉得他高明，但有权力的人会担心他在耍坏心眼。

鲁肃曾经对孙权说，刘备是天下枭雄。枭雄这个词有赞誉的成分，但更多的是带有一种谨慎提防的意思，这并不是一个好的评价。

刘备在曹操、袁绍、刘表的手下都待过，这几位都防着他，跟他那张没有表情的脸有很大的关系，因为他看起来实在是太厉害了。

一些喜怒不形于色的人非常聪明，脑子里想的都是别的事情，还都是大事情，普通人可能很难理解。

但如果你不是刘备那样名满天下的豪杰，却还有一张喜怒不形于色的脸，只怕是比较麻烦，因为你很可能会被别人看作笨蛋。如果喜怒不形于色的是个职场新人，作为领导，你可能会觉得这家伙有点呆。在提拔下属的时候，只怕你还是会去挑一个特别会说话、特别会讲演示文稿的人。

其实，今天的职场上已经没有刘备当时那种四面危机，也没有老教父那种枪林弹雨，所以，喜怒不形于色的好处没有那么多了，反倒是被提防、被轻视的坏处更加明显。

一个喜怒不形于色的人，在基层的时候会感受到很多敌意，如果没有一个会用人、会识人的领导照顾的话，很可能就折戟沉沙在职场的前三年了。所以，即使你是一个喜怒不形于色的职场新人，起码也要注意定期跟领导保持文字上的沟通。

如何变成喜怒不形于色的人

如果你已经是个职场领导者，或是一位资历较深的员工，你不想情绪外露，不想别人猜透自己，想让自己看起来更有权威、更稳重，那怎么才能成为喜怒不形于色的人呢？

表情管理是可以学的，每天对着镜子说话、演讲，做情景练习就可以，最终确实可以非常接近喜怒不形于色。但是这个练习要花费很多的时间，而且对一些天生感情充沛、情绪比较浓烈的人来说，这些练习非常反人性。

不过也别气馁，因为你不用变成喜怒不形于色的人，就可以拥有这种人享有的好处。你可以直接向着喜怒不形于色的三个好处去努力，这里我给你三个策略。

首先，成为值得信赖的人。喜怒不形于色的人天生容易被周围的人认为是可信赖、有能力、很沉稳的，与其模仿他们，不如直接去追求那种沉稳和令人信赖的气质。

这事没那么简单，需要你做出不少牺牲。比如一些小恩小怨要放下，蝇头小利也要放下，你要站在比你高一级的领导的角度去考虑问题，去为人处世，有时候要帮助别人、照顾别人。你可能要为此付出很多时间和精力，变得像是团队里慈祥的老父亲。

其次，试着减少观点输出。喜怒不形于色的人会对自己的表情和话语做减法，话少了、表情少了，对手可以分析的素材少了，你自然就变得更安全了。

最后，话说慢点，说少一点。控制住表情能让你少说很多话，同样，降低语速也会让你少说好多话。说慢一点，表情会比较舒缓，人也没有那么紧张。

修炼完这三招,你会发现,你基本达到了喜怒不形于色想要达到的目的,而且还没有那张脸的冷峻感。

所以,一定不要迷信喜怒不形于色。你要知道,三国是三个国家,刘备固然是喜怒不形于色,最终成就了一番大业。但是,喜欢哈哈大笑、得意忘形的曹操,建立了比刘备还大的功业;甚至连情绪化、喜欢恐吓别人的孙权,他的统治也稳固持久。三个人的领导方式截然不同,但都成就了一番功业。这就是"蛇有蛇路,鼠有鼠道",喜怒不形于色从来不是成功领导唯一的表现。

天生情绪外露怎么办

你可能会说,熊师傅,你也不用安慰我,我看见的大部分领导,都是那种非常内敛、情绪不外露的。但我就是做不到,那我还能在职场上有所成就吗?

如果你是一个感情丰富、情绪外露的人,也不用着急,尤其是当你还年轻的时候,有很多情绪、有丰富的情感,这都是正常的,也是健康的。

很多成熟内敛、喜怒不形于色的人,都是从年轻的时候走过来的。他们也会因为小事和同事起冲突,也会为了工作上的挫折而消沉,为了进步而欣喜。

人是会慢慢长大的,也是会慢慢变沉稳的,你的领导背负了部门、下属、家庭和岁月的重负，就会逐渐沉稳起来。他或许也曾放飞过自我，但一定付出过惨痛的代价。

如果你坐在领导的位子上、有他的资源，你很可能也会像他一样，没有那么冲动，没那么多极端的表情，也没那么多不好控制的情绪了。

所以，我还是要跟你强调一句，职场是个大舞台，是漂亮的秀场，不是修罗场、生死场。我们不需要你弄死我，我弄死你，大多数时候，生旦净丑，只要能演出自己的精彩就够了。

一个行事真性情的人，一定会有适合他的角色，也许不是部门的一把手或者负责人，但可能是那个最有故事，最有声望的人。

总结

- 喜怒不形于色有三个好处：被人信赖、保密效果好、不容易说错话。
- 如果做不到喜怒不形于色，也可以改进自己的情绪输出，比如被伙伴信赖、减少输出观点和降低语速。
- 尝试接纳现在的自己，不要苛求去变成自己不擅长，甚至是不喜欢的角色，而是要去学习这种角色身上的长处，变成自己的所长，这才是我们最该努力的方向。

不惹事不怕事的人：
为什么不应该和他做敌人

不想惹事的人你一定见过，他们循规蹈矩，不愿意得罪别人，唯恐给自己带来麻烦。不怕事，甚至到处惹事的人，你应该也见过。这种人容易冲动，很容易误认为别人对他有敌意，然后随意开战。在职场上，这种人很容易成为领导以及整个团队的麻烦。

但是，还有一种人非常特殊。他们是平时不惹事，遇到事情又不怕事的人。这种人不愿意和别人发生冲突，但是只要卷入冲突，就会下死手跟对方打到底。

这到底是一个懦弱的人，还是一个勇敢的人呢？为什么这种人，看似貌不惊人，却能拥有这么强大的力量呢？这一节我就来给你好好分析一下不惹事不怕事的人。

• 不惹事：不主动挑起冲突的人

先说说什么是不惹事。"事"，其实就是冲突。中国人对"不惹事"是非常在意的。一般来说，家里长辈对年轻人说一声"出门别惹事"，包含着三个意思：不要去挑衅别人；如果被对方挑衅了，要克制；就算是占理，也不要做尽做绝，不能得理不让人。

主动回避冲突，是一种古老的生存智慧。这种思路也通过家庭教育，传给了许多年轻人，并且被他们带到了今天的职场上。

但是，如果在职场上受欺负、被挑衅，还要忍气吞声，这是不对的。只要你不主动去挑衅别人、欺负别人、制造冲突，那就不是惹事。反击冲突，尤其是在你占理的时候，合法维护自己的权益，这不是惹事。

职场上不想惹事的人有各种考虑，总的来说，大都属于这几种情形：新人新官、闲云野鹤、风头正盛、胆小内向。

先说新人新官。不管是一个新人初到一家公司，还是一个新的领导刚刚空降一个部门，可能都会采取比较保守的策略。这个时候他往往倾向于回避冲突，更没有发起冲突的资本，但这并不能说明他软弱。

举个例子，东汉末年，孙坚是讨伐董卓的主力，他从根据地长沙攻击董卓所在的洛阳。这个人性格刚猛，喜欢随便杀人，许多沿途的官员都被他杀掉，队伍也被他吞并了。

当时的荆州刺史是刚上任不久的刘表，刘表这个人在《三国演义》的小说里显得很昏庸，其实在历史上他是个厉害角色。他单枪匹马来到荆州，获得了当地势力的支持，稳定住局面之后，等到孙坚回兵的时候，带兵攻击，最后杀死了孙坚。

孙坚因为刘表新上任回避冲突，就认为他软弱，最终被刘表反击丢掉了性命，这就是对新人新官的误判。

然后说闲云野鹤的人。每个部门可能都有一些已经远离核心权力，希望过好生活的人。这些人没有发起冲突的欲望，安全才是他们追求的目标。跟他们起冲突，不仅浪费时间精力，还会降低你在职场上的风评。

再说风头正盛的人。有些人不愿意跟别人起冲突，是因为自己的日子过得正好。比如刚刚被提拔，准备大干一场，正准备出成绩的人。他们是受到领导重视，仕途正顺的人。高速发展中的人，是不愿意被拖进泥沼中的，也会尽量避免冲突。

从这个角度来看，冲突的发起者，大多是职业生涯遇到瓶颈期或者面临停滞的人。

还有一些人是比较胆小或极度内向的人，这种人的主要精力都用在了自我损耗上，没有发起冲突的能力。

这四种人中，新人新官和风头正盛的人都可能有反击的能力，所以认为不惹事的人好对付，这是一种错误认识。

一个人好不好对付，是他的实力问题；而一个人愿不愿意惹事，则是他的人际策略。两者是不一样的。

• 不怕事：不回避冲突的人

说完了不惹事的人，我们再来看看不怕事的人有哪些特征。

"不怕事"三个字容易误导人，你可能会觉得，不怕事是胆量的问题，这也是不对的。不怕事虽然有胆量的因素，但更重要的是，不怕事的人是具有实力的人。不怕事不只是胆子大，更是敢于回应挑衅，不回避冲突。

总的来说，不怕事的人有三个特点：承受损失的能力强、有反击的能力、有坚定的决心。

先说承受损失的能力强。比如，东汉末年的刘备，长期跟曹操作战，在徐州、汝南和新野三个地方，刘备都被曹操打得溃不成军。为什么后来打下了成都，就敢和曹操在汉中打拉锯战，还打得有来有回呢？

就是因为刘备家底厚了，承受损失的能力强了，他有了荆州的地盘、成都囤积起来的粮草，还有了四川山川险要的地理优势，这是他和曹操打拉锯战的本钱。以前他所有的地盘，都没有险要地势，也没有稳固的后方基地，他也就没有不怕事的底气。

再说反击的能力。单纯有挨揍的能力还不够，如果能够给对方造成伤害，那就有了反制对手，让对方停止挑衅的能力。刘表在杀死孙坚之后，孙策和孙权兄弟俩一直都对刘表非常忌惮，这就是刘表反击的威力。

最后说说有反击的决心。能力比较弱的人也可以是不怕事的人，实力上的薄弱是可以用决心来弥补的。

战国时期，赵王和秦王在渑池相会，秦王让赵王鼓瑟，羞辱弱国的国王，率先挑起了冲突，这个时候蔺相如来到秦王面前，让秦王击缶。

秦王没有答应，蔺相如就说了一句："五步之内，相如请得以颈血溅大王矣！"那意思就是要跟对方拼命，就算自己一死，至少也让你连气带吓难受好几天。

这是弱者最佳的策略，我们看《动物世界》之类的纪录片，草食动物其实都有这个策略，我能蹬你、顶你，让你白费力气，最后放弃对我的捕猎。

所以，不怕事，首先是有承受损失的能力；其次是有反击的能力，能给对方造成伤害；最后是有坚定的决心。

• 被错误估计的厉害角色

说完不惹事和不怕事的人的特点之后，可能一个不惹事也不怕事的形象已经出现在你的眼前了：

这个人可能是因为事业刚开始，实力尚弱；

也可能是因为新掌管一个部门，正在观望形势；

还可能是因为忙着建功立业，不愿意卷入冲突和内斗。

但是他有承受损失的实力，有反击的能力，或者至少有拼死一搏的决心。

这个人也许不愿意挑起冲突，但他绝对不是胆小鬼。这是一个被低估的厉害角色。如果和这种人为敌，你可能会被拖入一场漫长的冲突中，他为了保护自己已有的东西，可能会拼上一切。对你来说，与这种人为敌是不划算的。

你可能会说，我知道了，要和这样的人做朋友。

这事可能会由不得你。我曾多次提到过，职场不是交朋友的地方，因为朋友意味着有亲密的私人交情，会让你束缚手脚。

职场上的同事，可以成为盟友——有共同的利益、共同的目标甚至共同的敌人，都是可以成为盟友的。

但不是所有人都可以发展成盟友，因为有些人所处的位置，就是注定要和你竞争一个机会、争夺一个位子的。如果一个不惹事也不怕事的人和你有竞争关系，那你就没法和他成为盟友，你们就是对手关系。

但是，你们可以成为堂堂正正的对手，那种尊重规则、承认胜负、决胜之后也可以互相祝福的对手。不惹事也不怕事的人，是最适合做这类对手的人。现实中，两个不惹事也不怕事的人，往往会成为惺惺相惜的对手。

不惹事、不怕事，看起来矛盾，但是一个人的性格特质，如果可以容纳更多的矛盾，这就是一个丰富的人、有趣的人，是一个值得尊重的人。

● 不惹事不怕事的侧重点

你可能会说，熊师傅，我觉得我已经是不惹事、不怕事的人了，为什么还是会被人针对、被人刁难呢？

因为在别人认清楚你是不惹事、不怕事的人之前，你的不怕事还要在事上去证明。而且，有些事情不是私人恩怨，当你身边有人要践踏国家法律、损害人民利益的时候，你可能没法退让，非得刚到底不可。

不惹事，是你最明智的策略；不怕事，才是你真正的人格底色。

单纯对别人声称你是不惹事、不怕事的人，不会有太明显的效果。因为你所说的事情和你所做的事情还是不同的，理性的职场人只会以你的行动来决定对你的策略。跟别人沟通、表达自己的时候，还是应该挑选没有价值观、不冒犯人的话题。

不要觉得这是苦难，这是你人生的一段难忘经历，也是职场上一段必经的修行之路。在这段路程中，你会锤炼自己，变得更加坚韧、更加强大。

总结

- 新人新官、闲云野鹤、风头正盛和胆小内向的人，都可能不会轻易惹事，他们一般不会主动挑起冲突。
- 不怕事的人，必须是能承受损失、能反击、有坚定决心的人。不惹事、不怕事的人，都是不简单的角色，可以和他们做盟友，也可以好好做对手。
- 不惹事好证明，不怕事要修行。

假装闲云野鹤的人：
把他的利欲熏心揪出来

　　你可能遇到过这样一种人：他看起来云淡风轻，张嘴就会告诉你，自己是一个物欲很低、淡泊名利的人。今天跟你讲皮毛制品是人类邪恶的贪欲，要穿纯棉；明天告诉你钱这东西会腐蚀人心，会让人变贪婪。

　　你可能会觉得，这是一个高尚的人。这个人善良，没有名利心，这个人可交。等到交往起来，你会逐渐发现不对劲，这种人并没有他自己标榜的那么好。

　　他给自己的生活设置了许多条条框框，但这并不是他对自己的苛求，而是一种标榜。他扮演各种闲云野鹤的状态，目的就是一个——让你信任他。

　　他用克制物欲和自律来对待自己，但最终是为了用这些武器来攻击身边的人。他自己不愿意多做一点工作，甚至连承担自己职责内的工作也会怨声载道，反而把努力上进的人说成投机钻营，用反对内卷之类的口号，去打击周围所有有事业心的人。

这就是假的闲云野鹤，其实他们的内心是非常贪婪的。那么，如何辨别出假的闲云野鹤？这种人是怎么误导人、迷惑人的？如何对付这种人的攻击？下面我就给你好好拆解一下。

• 真假闲云野鹤的区别

明朝有本儿童启蒙读物，叫《增广贤文》，里面除了教小朋友认字，也讲一些人生道理。这本书有些地方很有意思，比如这四句："但行好事，莫问前程。不交僧道，便是好人。"

明朝的一些城市里，商品经济发展得非常成熟，不再是我们想象中的贫瘠农村。一些孩子读书未必是为了以后参加科举，而是为了认字、社交、打工、记账，所以会有《增广贤文》这样的作品。

在给孩子的教材里直接批评僧道，其实就是当时社会对假的闲云野鹤的一种负面评价。佛、道两家，都有着伟大的哲学智慧，但是以此谋生甚至把这件事当买卖来做的人，就要提防，因为他们的人品良莠不齐。

今天在职场上，真正的闲云野鹤、纯良的人是有的，但是大多数以闲云野鹤标榜自己的人，只怕都要防着点。

这两种人到底该怎么区分呢？主要看四点：对名利的看法；对条条框框的看法；对不同意见的看法；是否热衷于功德。

先说对名利的看法。职场上有三个基本原则：安全原则、进步原则和收益原则。职场人想要被提升、想要进步，渴望自己的付出获得相对应的收益，这都是基本权利。

可是，那些真正淡泊欲望的人，根本不会去谈论对名利的厌恶感，超越了欲望怎么可能对名利有厌恶感呢？反倒是标榜自己的人，才会整天把"名利"二字挂在嘴边，反复唾弃，其实是他们自己没有放下。

然后说对条条框框的看法。真正的闲云野鹤，心中没有那么多条条框框，他们从小就已经把对自己的约束内化在了心里，不用每天提醒自己，也不会逾越那些规矩。假的闲云野鹤，才会每天把条条框框挂在嘴边，他们热衷于谈论规矩、正能量，却主要是用这些东西来框住别人。

我们举个例子来看，"对别人的朋友圈做正向反馈，不应该是基本道德吗"，这样的正能量朋友圈，是自我反思，还是条条框框？

我们再来看看不同意见。真正的闲云野鹤是不愿意去争论的，他们不需要证明自己比别人聪明，或者比别人高尚。如果一个标榜自己是闲云野鹤的人，坚持要去跟别人吵出一个高下，那一定就是假的闲云野鹤了。

最后说说功德。有些人做了一些好事，会详细地记着自己的功德，这其实就是假的闲云野鹤。救一只小猫、放生几条鱼，都在本子上记下来。

学会分清楚真假闲云野鹤之后，我再告诉你一个真相：能够在职场上让你不舒服、不自在的人，一定都是假的闲云野鹤，该跟他们对抗就对抗，不要客气。

• 假的闲云野鹤如何迷惑别人

假的闲云野鹤，会用自己的人设去迷惑身边的人，从中获利。他们的武器是什么呢？我拆解开来，主要就是四招：迷惑你不与他对抗；给你带来防卫压力；拐带幼稚单纯的人；误导不熟悉情况的领导。

先说说他是怎么迷惑你的。如果你觉得闲云野鹤是个单纯善良的人，可能就会放松对他的警惕，把注意力转移到和你一样追求进步的对手那里，这就中了对方的圈套。

闲云野鹤的人设，是一个非常好的保护伞，许多人都是藏在这把伞下韬光养晦，等到高调的对手两败俱伤，他再出来渔翁得利。所以平时就要提防假的闲云野鹤，要关注他们的行动，注意他们的动向。

再说防卫压力。假的闲云野鹤批评、贬低你的时候，往往带着关于名利的大彻大悟，这非常有迷惑性。你想对抗这种压力，需要强大的精神力量。

他们批评你、贬低你的时候，你甚至连对抗他们都会感受到周围的人给你的压力——觉得你是醉心名利的人。

要对抗这种力量，一定要战胜自己的心魔。不要试图在职场上证明自己是一个高尚的人，你只需要证明自己是一个想要进步的人就可以了。

然后说迷惑幼稚单纯的人。你的部门里比较幼稚单纯的人，很容易被假的闲云野鹤忽悠，成为他的小跟班。如果你和假的闲云野鹤竞争，他会争夺中立同事，甚至争取你的下属。一定要尽快和这些幼稚的人好好谈谈，不忽视他们，不让他们倒向对方就可以了。

最后说说误导领导。有些领导并不真正了解自己的下属，他对下属之间的竞争有一种厌倦感，他认为两个下属争夺进步的机会，是为了争名夺利，最后他可能就会倾向于那个满嘴"无心名利"的人。

假的闲云野鹤是精神方面的控制高手，他们的"无心名利"其实都是迷惑、压力、拐带和误导。这都是他们不愿意或者没有资源来收买身边人，还要身边人为他们做事的高级说法。

假的闲云野鹤招数并不新鲜，他在职场上面对任何人，都是先麻痹对方降低防御，然后拉帮结派辅佐自己。

• 如何对付假的闲云野鹤的明枪暗箭

现在你已经分清楚了真假闲云野鹤，也知道了假的闲云野鹤使用的招数，那应该怎么对付他们呢？

说到底就是一招，我把它总结为：用进步的物欲横流，来对抗落后的个人躺平。

假的闲云野鹤越是标榜自己不追求名利，你就越要强调进步和发展对一个公司、一个部门的重要意义，强调一个有担当的人应该出来做事，而不是冷冷地在岸上看着别人落水。

鲁迅先生有一句话，我觉得特别好，足以对抗这些假清高："愿中国青年都摆脱冷气，只是向上走，不必听自暴自弃者流的话。能做事的做事，能发声的发声。有一分热，发一分光，就令萤火一般，也可以在黑暗里发一点光，不必等候炬火。"

职场上，假闲云野鹤都不是省油的灯。从打小报告到谣言中伤，他们可能一招都不会少。

千万不要轻易被他们激怒，稳住了局面想要对付他们就不难了。具体来说有三个策略：

做事的人就有光和热；处理好和领导的关系；照顾好周围

人的利益。

先说做事的人就有光和热。假的闲云野鹤最怕的就是别人把事情做成，为此他们可能会去中伤、嘲笑做事的人。倘若你被这种言语激怒，那就中了他的套路，正确的做法是继续做事、把事做好。

难过的时候就念念这句话：躺平顺一时之气，做事创盖世之功。在好好做事这件事上，千万不要糊涂。

然后说处理好和领导的关系。如果不能左右领导，假的闲云野鹤就没有影响大局的能力。再次强调，你在职场上最重要的关系就是和领导的关系。

多去领导那里汇报进度，谈谈做事的方法，不懂的地方请教一下，和领导的关系像师徒一样紧密，纵然有几个人冷言冷语，又能把你怎么样呢？

最后说说照顾周围人的利益。要想被提升、被重用，就不可能一个人独得所有的利益。一个项目做好了，你的位置上升了，要给身边的同事分享发展的好处，能分享利益的人才是真正的高尚的人、真正的君子。标榜让所有人都穷着、苦着，这不是高尚。

显出自己的光和热，处理好和领导的关系，照顾好周围同事的利益，你就是这个部门里最闪亮的一颗星，是领导手下的干将，就算遇到什么麻烦，也会有人帮你。

这个时候，就算假的闲云野鹤再怎么标榜自己，攻击你醉心名利，大家也只是拿他当个笑话。你是干将，他是怪咖，要在你们俩之间二选一，你怎么可能输呢？

> **总结**
> - 高尚是好事，的确有真正高尚的、淡泊名利的人。但自我标榜的闲云野鹤，一定是别有用心的人，他们热衷于制造条条框框、爱争论，对功德锱铢必较。
> - 假的闲云野鹤，用人畜无害的形象迷惑你，给你制造舆论压力，争取幼稚的中立同事，还会误导领导，骗取信任。
> - 对付假的闲云野鹤，最好的办法就是把事做成、分享利益。分享利益比呼吁躺平要高尚得多，也会更有人气。

爱揣摩领导意图的人：
怎么防怎么用

你一定在职场上见过这样的人：特别爱琢磨，一直在揣测。他琢磨揣测的不是别人，正是领导。

"领导这么做的意图是什么？"

"我觉得领导是这么想的，不行，我得早做准备。"

如果偶尔他觉得自己没有看透领导的意图，简直就要焦虑透顶，坐立不安。自己纠结倒也罢了，还要拖着别的同事一起。

"你觉得领导的那番讲话，真的就只是提下一步的工作要求吗？"

"不对，我觉得一定还有别的意思，是不是要突击查考勤，抓迟到的人呢？"

看着他这样折腾自己，你可能还觉得有点可笑。没想到被他说中了一两次之后，身边的人也都开始揣测起领导的意图了。

每个人都努力做更多、想更多，本来是好事。但大家都努力猜更多，烦恼就来了。大家都变得更累、更焦虑了，这就是"内卷"的一种。别觉得他看起来暗暗得意，其实也是苦不堪言。

这种爱揣摩领导意图的人的本质是什么呢？如果同事里有这样的人，你要怎样才能不受他影响呢？下面我就给你详细拆解一下。

• 爱揣摩领导意图的人本质上是边缘人

你可别觉得爱揣摩领导意图的人有多强大，正好相反，他们中的大多数是职场上的边缘人。你可能会觉得有点奇怪，他能猜中领导的意图，怎么会是边缘人呢？

正是因为他要靠猜，才证明他是不重要的角色。

你可以想想你们公司里，领导面前真正的红人、最受器重的副手或者部门负责人，他的气质是怎么样的。他每天在猜领导的意图吗？

当然不是。因为领导要做的大事，都会拿出来跟他商量，许多公司的战略，就出自这样重要的人物之手，领导点头后成了公司的决议。

真正互相信任的关系，是不需要你猜我、我猜你的。

爱揣摩领导意图的人，恰恰是因为没有进入核心的决策层，才发展出一套奇怪的解读方式，还自以为很高明。

"冷战"的时候，美国和苏联都互相派遣间谍，但是打入对方内部的特工很少，大多数情报人员都是搜集对方的公开出版物来判断对方的决策动向。

美国间谍就每天去买《真理报》，看看哪个苏联高级领导人最近没被报道提到，然后猜这个人可能发生了什么事，找找别的证据，就写一大堆的报告给情报部门。这种猜、蒙的学问，被称为"克里姆林宫学"，意思是研究苏联克里姆林宫的学问。

美国的情报部门当然不会完全相信"克里姆林宫学"的报告，真正的重要决策，一定是依据重要的情报才能做判断。

同样，揣摩领导意图的人，也和这些搞"克里姆林宫学"的美国间谍一样。他们因为和领导或者核心人物距离太远，才养成了瞎猜的习惯，这又会让他们变得更加边缘化。

• 揣摩领导意图的习惯是怎么养成的

一个人仅仅和领导关系疏远，是不至于养成揣摩领导意图的习惯的。揣摩领导意图的人和领导，这两方往往都有自己的问题。

总的来说，基本是这四种情况：工作交代不清楚，两人关系有隔膜，下属对处境有疑虑，领导偏好谄媚之人。

先说工作交代不清楚。领导在交代工作的时候，需要用准确的语言，尤其是基层的、刚开始带队伍的领导，不能期待下属自由发挥，如果确实要对方自由发挥，就要说出"自由发挥"这四个字来。

有的人对工作方式方法的理解非常含糊，到了后期领导不满意，又要推翻重来，那下属就容易胡思乱想，开始琢磨领导的意图。

然后说关系有隔膜。有的领导对下属有看法，两人之间有矛盾，或是派系不同，双方互相不做真诚的沟通，也会让下属对领导的每句话做过分的解读。

再来看对处境有疑虑。怀疑自己会被降职、受到处分甚至被解聘的下属，容易胡思乱想，去揣测领导的想法。

最后说领导偏好谄媚之人。有的领导喜欢那种自己不说，让下属来猜他有什么需求、什么困难，主动来请示他、巴结他的感觉。

这类领导在一些风气极差的公司非常多见。有的领导看见年轻下属，故意把茶杯盖打开，看看对方有没有眼力去给自己倒水，如果对方没看懂就"另眼相待"。这是不对的。

下属体贴领导，是因为对领导敬重爱戴，倘若用这种猜谜语的方式去分辨人、评估人，那部门里就会充满爱揣摩、好巴结的人。

如果你是领导，正确的做法应该是，需要下属顺手帮你倒杯水，那就大大方方说一句"请帮我倒杯水"，倒完说一句"谢谢"。下属来到你的办公室，你也可以帮他倒水。

直来直去的关系，是效率最高的关系，为了抖威风而耽误正事，就得不偿失了。

• 如何防备喜欢揣摩领导意图的人

如果你不幸和一个喜欢揣摩领导意图的人是平级同事，那你可得好好防备这个人。我给你整理了四条原则，你要尽量避免这四件事：不要模仿、不要相信、不要加入、不要说破。

第一是不要模仿。绝对不要模仿这种人，刚才我跟你说过他们都是笨拙而边缘化的人，你跟臭棋篓子学棋，只会越学越臭的。

第二是不要相信。他们当中有的人非常乐于分享自己的解读，千万别信。因为猜得多了难免会猜中。美国总统不会相信"克里姆林宫学"的报告，你也不应该去相信这些人的解读，而是应该通过真正重要的人打听情况，如果要了解领导的真实想法，正确做法是多跟他直接交流，多向他汇报。

第三是不要加入。如果他想要拉着大家一起做点什么，千万不要加入，因为他本身就猜错了，做出来会更错，领导十有八九不喜欢。

第四是不要说破。别随便去试图纠正他们的错误认识，这些人往往非常自恋，你身为同级如果说他的那套解读是胡说八道，他肯定会勃然大怒，甚至还会放话出去，造谣你说领导不好。

所以，千万不要存有拯救他们的心。解铃还须系铃人，他们的心结，只有被揣摩的那个人才解得开。

• 良性揣摩者和恶性揣摩者

只有在一种情况下，你可以劝说这种喜欢揣摩领导意图的人，那就是你是他的领导，他揣摩的就是你。

揣摩者虽然特别容易坏事，但是下面这两种揣摩者还是可以改造的：

他想进步，所以希望了解你的所思所想；

他揣摩你，是因为在乎你，渴望接近你。

希望了解你的所思所想，是在和以前领导的互动中形成了爱揣摩人的习惯，还没有造成严重后果。

渴望接近你，通常是那些年纪比较轻、社会经验不够丰富的职场新人，他们听信了家里糊涂长辈的传授，把给领导出力的心用错了。

这两种揣摩者不是品德败坏，主要还是认知错误。对这种良性的揣摩者，可以用，但是一定要先说清楚，要改变他们。

你可以把他请过来，当面跟他谈一次："我不知道你怎么跟过去的领导相处，但是我带队伍，就是要直来直去。你有什么困惑，可以直接来问我，跟我谈；我如果有什么需要、什么吩咐，也不会出谜语让你猜。你是一个有能力的人，不要去猜测我的想法，把你的能力用在想办法帮我做出业绩来，一定会大有作为的。"

但是，还有一种恶性揣摩者，他们揣摩后造谣，有意制造矛盾，甚至揣摩大领导。这种人能清理掉是最好的，就算以你的职权不能随便辞退下属，也要尽量把他们放在边缘岗位上，尽量减少损害。

先说揣摩后造谣的人。这种人不光自己揣摩，还要在部门里造谣传播这些推测，惑乱人心。这种人的揣测，不是因为想要进步或者出于不安，而是为了在部门里获得独特的地位，比如成为"领导意图的解释者"。

东汉末年，曹操杀死了自己的谋士杨修。为什么这么做，历朝历代的解释很多。比如有人说杨修支持曹植站错了队，也有人说曹操嫉妒杨修聪明，还有人说因为他是袁术的外甥，但这些都不是最重要的原因。

曹操解释说杨修惑乱军心，这是实话。杨修自己揣摩了曹操的心思，还去说给全军听，俨然以领导意图解释者自居，这是野心，也是取死之道。

然后说揣摩后有意制造矛盾的人。有的揣摩者不公开造谣，而是偷偷告诉团队里的某个人，"领导对你有意见"，故意制造矛盾。这种人不是狂妄之人就是阴谋家，如果发现，就不要信任他了。

除此之外，还有一种就是揣摩大领导的人。越过你这个直属领导去揣摩大领导，他就不仅具有揣摩者的一切缺点，而且还有野心家的各种苗头。这种人能不用就不用，能裁掉就裁掉，千万不要用这种人来帮你推算大领导想做啥，你一定会被这种人坑得很惨。

职场上最容易获胜的就是正大光明的人，想和领导搞好关系，一靠实力，二靠沟通，妄想靠一点小聪明猜中领导意图来获得好处，这是险道，不要轻易走，否则后患无穷。

总结

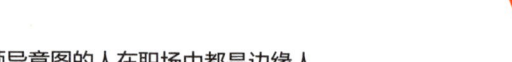

- 爱揣摩领导意图的人在职场中都是边缘人。
- 工作交代不清楚、两人关系有隔膜、下属对处境有疑虑、领导偏好谄媚之人，这些都会造就爱揣摩领导意图的人。
- 对待揣摩领导意图的平级同事，不要模仿、不要相信、不要加入、不要说破。
- 如果你的下属是这种人，品行尚可或者年少无知的要好好谈几次；性质恶劣的，比如造谣、故意制造矛盾、越级揣摩的，最好赶紧清理掉。

被下属爱戴、敬佩的人：
一定要敬重

有这么一种领导，他在大领导那里，好像永远都没法成为最红的人。他不是青年才俊，也不是善于钻营的类型。你有时候会觉得，跟着他干，像是在坐一张冷板凳。

这种领导，工作虽然不见得是最出彩的，但一定是最稳妥、不容易出纰漏的。

最关键的一点是，部门里的同事提起他，都会在背后大大方方称赞一句："咱们头儿，做人地道。"

如果是年少轻狂的下属，可能会抱怨几句："还是要去跟集团争取资源，拿下最热门的业务，大家才有蛋糕吃啊！这样下去，早晚会被别的部门吞并的。"

不知道你有没有这么想过。如果想过，我要告诉你一个真相：你的领导绝对没有你想象得那么弱，相反，他非常强。他的立身之本、存活之道，就是踏实地做业务，就是你们这群人对他的敬佩和爱戴。

职场上，不是在领导那里巴结谄媚的人才有机会，一个人倘若被下属拥戴、爱护，也能够在职场上受到敬重，被领导高看一眼，他们也是非常成功的人。

为什么这么说呢？如果你有一个这样的领导，应该怎样和他更好地相处呢？接下来我就来给你分析一下被下属爱戴和敬佩的人。

• 公正是受爱戴者的底色

中学时候有一篇文言文叫《曹刿论战》，选自《左传》。

齐国的军队入侵鲁国，曹刿问鲁庄公："您觉得您为什么能跟强大的敌人一战呢？"

鲁庄公说："我有了好吃的、好衣服，都分给大家。"

曹刿摇摇头："这都是小恩小惠，您能分给几个人呢，这种没用。"

鲁庄公说："我祭祀的时候挺大方、挺虔诚的，鬼神应该知道。"

曹刿说："鬼神不会帮您打仗。"

鲁庄公又想了想，说："我遇到各种案子，不管能力如何，一定会详尽调查。"

曹刿说："好，这个对，我们可以跟敌人打一仗了。"

这讲的其实就是职场上下级关系。祭祀鬼神，就和今天领导唱高调差不多，没人会因为你唱高调就追随你；用小恩小惠去馈赠人，就跟经常请大家喝奶茶吃零食差不多，别人可能亲近你，但不足以爱戴你。

真正能让下属爱戴你的品质是什么？那就是公正。

小恩小惠的收买，只能让几个下属亲近你。只有对下属公正，赏罚分明，让努力的人得到回报的领导，才能够得到下属的效忠。春秋时代的诸侯国如此，现代的职场也是如此。

领导因为公正而受到爱戴，同时，受到下属普遍爱戴的人，几乎无一例外都是对下属公正的人。被下属普遍爱戴的人，他的底色就是一个公正的人。

• 被下属尊重的人为什么受领导尊重

你可能会说，公正有什么难的吗？这不是轻松就能做到的事情吗？如果这么想，那你可能还不了解真正的公正。

各尽所能、按劳分配和耕者有其田，这两句话你觉得哪个公正？乍一看好像都公正，但是你再想一想，这两句话是不是可能会产生冲突？

做过领导的人都知道，职场上的利益分配，一方面要奖励出色的人，给他们正反馈；另一方面，还要把一些资源倾斜给那些业务不那么出彩的下属，因为那些活儿可能会很累、很苦，一点也不风光。

这就说明，只有利益分配还远远不够，还需要做到机会公正，满足下属进步、发展的需要。培养谁、提拔谁、奖励谁，这都是当领导的学问。只有处理好内部的纠纷、恩怨，能对决定说出立得住的理由，能把脾气古怪的人和上面有关系的人都镇住，让他们好好工作，才能被下属尊重和爱戴。

能处理好这样的局面，必然是非常聪明、非常有智慧的人。公正的领导都是智者，而受下属尊重的领导，还有一个特点，他们必然都是勇者。

鲁智深来到大相国寺，认识了一群流氓。这群人开始想揍他，他把这群人一通教训之后，还能把园子里的菜公正地分给大家。鲁智深武功高，坏小子怕他容易，但是敬重、佩服他，就是因为他公正。鲁智深敢跟高太尉作对，去救林冲，就是因为他是公正的人。公正的人，一定都是勇者。

鲁智深因为心里有公正，好的领导，比如五台山的长老会敬他、爱他；不好的领导，比如相国寺的和尚，甚至还有点怕他。

大领导无论好坏，都有看人下菜碟的本事。看到受下属爱戴的人，他们智勇双全，就算不重用也不会随便惹。看到把下属折腾得鸡飞狗跳的平庸小领导，就可以好好收拾一通，让他听自己的话。

有了公正心，重视下属的需求和呼声，帮他们主张利益、平衡关系，你的智和勇自然就修炼出来了。

• 欺负被下属爱戴的人会有什么麻烦

如果大领导想要欺负一个得人心的部门负责人，那他有几关要过：承受舆论压力、承担重选负责人的成本、与重要人物反目。

首先我们说说承受舆论压力。杭州的岳飞墓，在岳飞的坟前跪着四个奸臣铁像，接受千古唾骂。岳飞就是一个被下属尊重爱戴的领导，他含冤受屈而死，无论宋高宗还是秦桧都背上了千古骂名。

职场也是如此。去委屈、陷害一个得人心的部门负责人，做这件坏事的人心理负担会非常大。

再来看重选负责人的成本。在很多公司，有些部门确实是靠一个出色的人运转。赶走一个干得好的负责人，把和自己关系好的人派到那个岗位上，这个部门真的会转不起来，进而影响整体的工作业绩。

最后说说与重要人物的反目。在职场上，大多数人都不可能一手遮天。想收拾一个无足轻重的小角色简单，如果要处理一个领导，会导致很多员工群情激愤，那就得不偿失了。

现实中，大多数想要找碴儿的领导都会回避那些有声望、得人心的部门负责人，尽量不惹他们，除非他们有了重大失误，不然一定会客客气气，避免与其开战。

• 如何效力于被下属爱戴的领导

被下属爱戴的领导，不会被上面的领导随便欺负。如果你刚好有这样的领导，应该怎样和他更好地相处呢？

我给你四个字的要诀：干就完了。你的领导已经是一个智勇双全、人品优秀的人了，还有什么可疑虑的呢？忠于他、帮助他，一起轰轰烈烈大干一场吧。

不过，鼓完了劲儿，我还是要给你提示几点现实中的防身之道：

智勇双全的人不是圣人；

爱戴他的人里也会有小人；

多汇报、多沟通、别害羞；

未来要像他那样处世待人。

先说智勇双全的人不是圣人。再出色的领导，可能也会有让下属受委屈的时候。公正的人不是永远不犯错，而是他讲道理，会听你解释，所以如果觉得受委屈了、被冤枉了，可以去跟领导谈谈。

再说爱戴领导的人里也会有小人。公正的人大家都喜欢，有些人品不佳的人也会喜欢好领导，领导身边有好人也有坏人。防备坏人的心不可无，和大家在一起的时候，说话做事都不要太随意，别觉得一个好领导手下就都是亲兄弟，这个不一定。

然后说说多汇报、多沟通、别害羞。有的人比较害羞，一看领导受人爱戴，很自然地就离远一点，做好手上的事情就结束了。这是不对的，你该干活要干活，该表功还是得表功，领导是聪明人，一两句话他就明白了，不需要你去巴结、去谄媚，但是你不说，功劳可能就被别人抢了。

最后说说未来要像领导那样处世待人。有人之前给我留言，说自己对领导特别敬佩，不知道该怎么表达心意，想给领导送礼物。上次 3000 块钱的礼物送出去，领导没有收，问我怎么再送出去。

有些公正的领导，确实可能不愿意收下属的礼物。你出于对他的敬佩和感激，逢年过节送一点小礼物、小特产是可以的，但不要太昂贵，否则也有触发公司内部廉政制度的风险。

如果真的想感激一个公正的领导，你可以试试变成他那样的人。未来有了自己的部门、自己的队伍的时候，也能去体察下属，维护他们的利益，奖励提拔里面优秀的人。

等到你自己站在山巅的时候，回想领导对你的言传身教，把这些优秀的故事分享给你的下属,可能是对一个公正的领导、一个好师父最大的安慰。

> **总结**
> - 能被下属普遍爱戴的领导都是厉害角色,智勇双全。
> - 欺负被下属爱戴的人,会背负沉重的舆论压力,折损业绩,造成价值观崩坏,还可能得罪重要的人。
> - 喜欢一个领导的终极目标,是成为像他那样的人。

Part 5

友善的人
不妨试试和这些人接近

有些人的灵魂有亮色,他们是职场之光,发现这样的人,和他们共事,也是人生中的幸事。我们都是孤单的、手举小小灯笼夜行的人——期待同类,期待伙伴。

职场中的"好学生"：
为什么被逼急了反击起来特别可怕

职场上你一定见过这样的人：认真、讲规矩，可能还带有一点点呆气。他们从小就受了良好的学校教育，希望成绩出色、出人头地；他们也受了良好的家庭教育，渴望与人为善，最怕惹事；一路靠着自己的努力最终有了今天的位置。

他们信任规则，也捍卫规则，觉得什么事都要讲道理，不应该偷偷摸摸、鬼鬼祟祟。

现实中，这种人单纯认真。但是在有些人的眼中，他们恰恰就错在太单纯。

你身边一定有这样的人，也许你自己就是这样的人：战战兢兢、小心翼翼，不敢越"雷池"一步。这种人其实非常可爱，但偏偏就有人要欺负他、为难他，还以他的窘迫为难而得意。

我把这种总是小心翼翼的人叫作"好学生"，在职场中，应该如何跟好学生相处？如果你就是那个容易被老江湖欺负的好学生，又该如何反击？下面我就来给你详细分析一下职场里的好学生。

好学生的本质：尊重规则者

大多数好学生并不是天才，而是认真努力的人，他们是尊重规则者。好学生一般有三个特点：性格被动、依赖秩序、患得患失。我给你逐个解释一下。

先说性格被动。好学生大多数是不会主动出击的人，他们坚信好酒不怕巷子深，相信做出成绩来领导自然就能看到。

他们希望按部就班地完成任务，就可以得到领导的赏识、同事的尊重，他们不愿意去求名逐利，觉得跟人打交道比较麻烦。

再说依赖秩序。如果只是不愿意主动出击也就算了，好学生的第二个特点，就是在遇到问题时更倾向于求助秩序。

依赖秩序固然是好学生的优点，但是这也严重地限制了他们的发挥。在职场上受到对手伤害，甚至人身欺凌的时候，好学生会倾向于走流程反击。这个反击方式偏向软弱，而且周期通常比较长。

最后说患得患失。好学生今天的地位是哪里来的？是通过考试，是合法竞争而来的。过去一步步走过来特别难，所以他们在做决策的时候就会特别谨慎。但是，怕失去会让好学生患得患失，在职场竞争中放不开手脚。

好学生小时候在学校里多完美，在职场上就有多尴尬。因为仅仅依靠规则和对手斗争，会吃很多苦头。

• 为什么好学生是隐藏的王者

曾经有人跟我说："熊师傅，我特别痛恨自己的书生气，我工作之后还在学习，在提高自己，但是遇到同事对我的那些欺负和敌意，觉得自己过去30年的经验都崩塌了，觉得自己非常软弱，非常傻。"

有这种想法的人并不少见，有的同学读完了硕士甚至博士，成了所谓的"大龄职场新人"，在公司里的处境就比较微妙。学历比身边的同事高，职场经验又远远不如别人，他们遭遇的不仅是普通的争名夺利，还有嫉妒和敌意。

我就经常对这种好学生说："别着急，你未来一定会比那些随随便便过日子的人强。好学生都是隐藏的王者。"

我不是在安慰谁或者贩卖心灵鸡汤，我说的都是大实话。为什么呢？好学生有三个让他容易成功的特质：智商在线、高度自律和潜力无穷。

我们先说智商在线。总体来说，考试制度的优胜者，在智力和综合素质上，大概率要比其他人更加出色。比如在职场上，

211和985名校的毕业生，大部分情况下比高考得300分的员工要好用一些。这听起来可能有点扎心，其实是因为他们中的大多数都善于学习，自驱力强，要求自己不断上进。当然，这并不是绝对的。

然后说高度自律。职场上用心没用心，领导知道，同事也知道。一个在学校里愿意踏踏实实读书的人，往往在工作中也更能耐得住寂寞，服从性也会更好。

最后说说潜力无穷。好学生尊重规则虽然会让他们在职场冲突中有点吃亏，但也让他们保留了一部分破坏力冗余。

什么叫破坏力冗余？好学生不是没有破坏力，只是平时不用而已。如果被欺负得太狠，这部分力量就会被释放出来，那时候他的对手就有大麻烦了。

所以我说好学生是隐藏的王者。他们是充满力量的人，但如果只是简单地一味退让，最后来一个大爆发，可能会耽误公司的正事，也会导致一些关系破裂、无法收拾。

• 为什么不能欺负好学生

既然好学生是隐藏的王者，应该如何对待好学生，其实就非常明确了。应该团结他们，发挥他们的作用。如果好学生是你的下属，那你可以考虑帮他一把。之所以采用这样的态度，主要有以下几个原因：

坏人真的打不过他们；

他们较真起来破坏力真的很强；

完美受害人给人的震慑感；

好学生有自己的人脉。

先说第一个，坏人打不过好学生。职场上有些看人下菜碟的人。欺负好学生的，十之八九都是这样的人。这种人的格局非常小。

欺负好学生的人，无论是普通同事还是好学生的上级，都只是简单地想要发泄情绪，他们不能从这种欺凌中受益，反倒是好学生一旦适应了职场，收获了赏识他的领导或者是信赖他的朋友，就能够迅速变强。所以，看见坏人欺凌好学生，这可能是我们接近好学生的机会。

再说第二点，他们较真起来破坏力真的很强。好学生在被逼入绝境的时候，会用秩序和规则做武器，爆发出惊人的力量。

我曾经写过一篇关于《教父》的影评——《好学生出来混，就没真混混什么事了》。二代教父迈克尔·柯里昂考进了大学，又参加了"二战"成了战斗英雄，被江湖气十足的坏人和黑警当作好学生欺负。结果他报复的时候，用了自己的一切力量和智谋，强大的气势让人十分佩服。

然后，说说完美受害人给人的震慑感。如果一个领导去折腾一个每天迟到旷工、搬弄是非的员工，大家心里会觉得这家伙罪有应得。但是如果有人去欺负那种刚刚毕业，什么坏事都没干过的好学生，职场上的舆论就会对那个欺凌者非常不利。

最后说一下，好学生有自己的人脉。好学生有个非常重要的人脉圈，就是他的同学、老师和校友。这是一批有实力、有资源的人，他可以把这些资源为工作所用，这些人也可能在他遭到欺凌的时候站出来替他出头。欺负一个好学生好像很容易，但你不知道日后会有什么人来对付你。

好学生的自我成长

如果你就是好学生，应该怎么在职场上存活和成长呢？简单来说就是四条：摆脱"学生气"束缚；重建成年人社交；主张自己的利益；在冲突中收获成长。

先说摆脱"学生气"束缚。学生的身份任务比较单一，成绩好、听话就可以了，但是进入职场之后，事情就发生了变化，职场人要有自己探索、想办法更好地完成任务的一种自觉。

每个学生的身份都一样，但是职场人会更加讲究配合。在职场上，业绩优秀只是职场进步的条件之一，你还需要去表达自己，维护和领导的关系。

老师喜欢学生勤学好问，但是领导只希望下属来帮他解决麻烦。最好的上下级关系可能是师徒关系，但是领导和老师是完全不同的，用对老师的态度去对待领导，领导会觉得你就是一个小孩子，不成熟。

然后是重建成年人社交。职场关系是成年人之间的关系，不要带那么多的情绪，要根据自己的大利益来行事。不要因为谁跟你显得亲近，就立刻向对方靠拢。分清盟友和对手，团结更多中立的同事，这是职场的规则。

不要在同事里发展那种交心的朋友或者无话不谈的闺密，成年人的职场上有利益冲突，和同事太亲近会很危险。

还有就是要主张自己的利益。温、良、恭、俭、让，是学生时代的美德，在职场人的阶段，美德就是做事靠谱、明确表达。

别人做了让你不舒服的事情，表达出来，告诉他你不爽，告诉他下次不要这么做。和别人有竞争关系不要退让，不要客气。要评优的时候也不要高姿态，你本来在乎，但是非要显得自己不在乎，好让领导像老师一样表扬你、奖励你，这是自我折磨。

最后一点，就是在利益冲突中成长。学会处理冲突是成长的开始，是一个人改掉学生腔的开始。

最后要提醒好学生一点：你已经工作了，不要再把之前自己上学的时候多出色、多优秀放在脑子里、挂在嘴边。那个时代已经过去了，现在你要认真对待你身边的同事，无论他曾经考过多少分，无论他是什么出身，如果不明白这个道理，你会不断地在职场上冒犯人。

> **总结**
> - 好学生是尊重规则的人，聪明、自律，但初入职场在江湖人面前有点吃亏。
> - 如果欺负好学生，可能会让他们释放出可怕的力量，正确做法是好好用他们的实力。
> - 好学生最终的路，是步入成年人社交、主张自己的利益、学会直面冲突。

人际关系里的鹰派守则

你喜欢那种光芒四射、咄咄逼人的人吗?你只要稍微有一点错,可能就会被他揪住批判一番。他对自己严格,对别人更严格。你想做他的朋友,得非常优秀才行,与他为友,你要有一些高过他的地方。

这样的人,我们称为人际关系里的"鹰派"。

相反,认为交朋友关键在于开心,形形色色的朋友都要交,注重合作和说服的那一派,我们称为人际关系里的"鸽派"。

鹰派相信实力,相信官大一级压死人,相信职场上老人对新人的倾轧。鹰派也对自己充满期待,认为自己应该在食物链的顶端,至死方休。

鸽派相信合作和说服,相信人心都是肉长的,相信人间自有真情在。鸽派对社会充满期待,认为人人都应该献出一点爱,从我做起。

你是鹰派还是鸽派?

别着急下定论,最典型的鹰派和鸽派都是很罕见的,很多人都是复杂的混合体，常见的有鹰偏鸽、鸽偏鹰、外鹰内鸽和外鸽内鹰这几种类型。

现代心理学各流派普遍认可的人格理论是"大五人格"。这五个维度分别是开放性、责任心、外倾性、宜人性和神经质。用这五个维度来衡量人际关系里的鹰派和鸽派可以发现，这两派人并不分什么优劣和高下，事实上很多伟大的事业都是这两派人携手完成的。

对这两派的人来说，要做的不是纠正对方，不是"你变成我这样才好"，而是要理解自己、理解对方，克服自己的短板，学习对方的所长。

对鹰派来说，下面几点可能要着重注意一下。

• 谜之自信

一个鹰派一把手最好是有一个强有力的鸽派副手，能时不时地把他从盲目自信中拉回来。很多大公司的创始人就属于非常典型的鹰派。

• 冲动是魔鬼

尽管在电视剧里，白素贞被塑造成一个追求真爱、品质高尚的女性，但白素贞就属于典型的鹰派，剧中也保留了"水漫金山"这个能体现鹰派内核的重要情节。

在《警世通言》原著第二十八卷"白娘子永镇雷峰塔"里，白娘子用一个极度鹰派的口吻对她家相公说："若听我言语，喜喜欢欢，万事皆休；若生外心，教你满城皆为血水，人人手攀洪浪，脚踏浑波，皆死于非命！"

- **学会悲悯**

鹰派往往在智力和业务能力上都不差，但强者一定要有悲悯之心。否则很容易成为那种超级英雄电影里的"科学怪人"，觉得水平不如自己的人都应该去死。

《狮子王》里的辛巴，就是一个习得了悲悯之心的正面鹰派。它骨子里是鹰派，但从小和两个鸽派朋友一起长大，这让它懂得了平和与悲悯，性格变得更加复杂，属于鸽包鹰的典范。这类人也容易麻痹对手，鹰式反击到来的时候，对方才会明白已经晚了。

复杂的性格能让你在人际关系中更加主动，尽量避免做让别人一眼看穿的人，要多和性格互补的人做朋友。

• 避免逆境崩盘

鹰派在遇到挫折和打击的时候很容易崩盘，运气好的鹰派可能会扛下来，把自己向鸽派靠拢，一个更好的办法是尽早从别人那里去体验挫折和崩溃。

《笑傲江湖》里，任我行就是非常典型的鹰派，任盈盈则是以鹰为主。任我行被关了多年黑牢，用仇恨支撑着自己，但任盈盈早早遇到了令狐冲这个鸽派，令狐冲给她讲了一个自己受挫和崩盘的故事，任盈盈倾听的同时萌发的不仅是爱意，还有性格上的变化，她从此变成了一个鸽四鹰六的人，这种比例最容易成就一个狠角色。

• 一定不要做十分"鹰"

一个岗位上，有鹰派和鸽派非常正常，今天你上台，明天我上台，对手强了就让鸽派去示弱一下，对手弱了就让鹰派动手打击一下。一个唱红脸，一个唱白脸，就有了运用策略的可能。

同样，人际关系中，做十分"鹰"就会有十分的敌人，而你也会变成一个可以预期的人，这样的风格很容易中别人的圈套。

《天龙八部》里的"岳老三"看上去凶神恶煞，总是自己说了算，但实际上他和"四大恶人"总是给各种不怎么样的势力当打工仔，甚至被段誉这个大鸽派牵着鼻子走。

无论鹰派还是鸽派，都不是基因决定的，和星座、血型也没什么关系，有些人可能会受到一点家庭影响。大多数人的行事方式是青春期时形成的，有的人是遭遇了变故，有的人是尝到了甜头，从此就这么继续走下去了。

当你认同自己的类型之后，会不断对自己进行心理暗示来强化这种类型。

鹰派常见的自我暗示方式是："我这人说话直啊……你……"这就像一个免责声明，此后他会说出一大堆不中听的话，这类口头禅会不断强化自己的鹰派色彩，这对说话的人并不是一件好事。

鹰派如果分不清坚决和咄咄逼人，就容易变成一个虚张声势的人，声高气粗，充满攻击性，别人说一句话就要撑回去，这是完全错误的。

鹰为什么强大？它的嘴没有狗厉害，爪子比不过山猫。鹰在空中，层次高、看得远，能最先发觉远处的机会和敌人，一个鹰派也应该像这样强大。如果只是简单地表现出攻击状态，遇见生人就啄几下，那最多就是一只不友好的鹅。

所以，鹰派行事时才更应该注意以下几点：

第一，多去搜集信息、学习知识，要比别人看得远一步。

第二，克制自己不必要的攻击性，变成一个深沉而有内涵的人。

第三，保护弱小，鹰派更应该是骑士，而不是魔头。

第四，重视团队协作，你如果是团队中最敏锐、最勇敢的角色，那就应该去PK敌阵中的鹰派，遇到谈判、争执时去碾压对手。

第五，理性的鹰派会被对方身上有而自己没有的东西吸引。

鹰派和鸽派，在人成长的早期区别可能会特别明显，但是当人们进步之后，两者间的界限会变得模糊，两派随着成长最终会趋向融合。

优秀的鹰派会生出悲悯，优秀的鸽派会长出骨头。就像优秀的男人和女人往往会拥有相似的美德，男人会变得温柔，女人会变得坚强。

人际关系里的鸽派守则

想要知道鸽派的生存策略,还是先回到鹰派和鸽派的"大五人格"特质上:鸽派的个性让他们可以成为非常好的朋友,他们人缘往往很好,尽管他们不是最善于交际的自来熟。鸽派是任劳任怨、可以倚重的一种力量,尊重权威让他们成为优秀的员工,但是鸽派同样也有自己的短板。

• 低效的表达

鸽派在鹰派面前往往难以说出自己的意见,或是因为表达太过委婉导致自己的意见被忽视。一些鸽派可能会误认为,附和强势的人会让对方更容易接受自己的意见。

但有一个很重要的问题是,鹰派很容易忽视别人的看法,如果不够直接或者表达得太委婉,你的意见可能就被错过了。

• 假装的坚强

一个人怎么说不重要,怎么做才重要。梁朝伟在《一代宗师》里扮演的叶问就是如此，他谈论武功的时候显得像个鹰派，其实内心非常柔软，他和官二一样都是鸽派，这种鹰包鸽的性格一旦被有心人击破了防线，就会一溃千里。

• 我不是什么好人

大多数鸽派都害怕和别人撕破脸，并且希望自己能做个好人，这是一个非常折磨人的念头。但是，千万不要在感情上当好人，不然你会把所有的事都办砸了。

《冲上云霄》中吴镇宇扮演的机长在前后两任女友之间摇摆不定，总是希望两个女人都说自己好，结果把两个人都伤害了。类似的形象还有张无忌，也是在几个女孩之间摇摆不定。

友善是一种很好的品质，但是过分纠结于追求"我是个好人"，会让自己陷入重度的疲累中，这种折磨我称之为"人内损耗"。

鸽派要做决断，需要有人用力推他一把，所以如果你觉得自己的气质像鸽派，就尽量多和一些鹰派相处，从他们身上学会做决断。

鸽派天生适合给比较强势的老大做二把手，也适合从事服务性的工作，在大企业里他们往往不适合做销售去开疆拓土，更适合负责一些支持性的工作。尽管一些鹰派的医生可能医术更加高明，但作为病人和家属，总是希望管床的大夫和所有护士都是鸽派。

此外，鸽派冷静和保守的风格让他们成为可以依赖的人，宇航员和大型喷气式飞机的驾驶员一般都是从鸽派里选出来的。

绝大多数心理咨询师都是鸽派，鹰派基本没法做心理咨询师。如果说鹰派从事心理咨询工作能做什么贡献，那应该就是在夜间情感节目中，一个观众打电话过来，鹰派主持人毫不客气地说："为什么困扰，因为你傻啊！"

不过，鸽派在修炼过程中可以注意以下这几点：

1. 可以霸道一点

你是鸽派不是包子，不要忍气吞声、让人欺负到你头上来。鸽子是一种勇敢的动物，离家千里都可以坚定回巢。一个人可以大多数时候都是一个被动的人，但关键时刻要能站得出来，敢于和黑暗势力拼刺刀。你的霸道有一个力量槽，在关键时刻会爆发出惊人的力道。

2. 不要怕别人笑你软弱

对比你弱小的人客气有礼，不是害怕对手，而是怕自己变成自己讨厌的人。许多鸽派在突然获得权力或财富的时候，突然就转成了鹰派,那他看人的不是鸽眼也不是鹰眼,而是标准的势利眼。同样地,在一群朋友面前呵斥一个犯了小错的服务员一点也不露脸。

你不是软弱,你的爪和甲,都在你强大包容的心胸之下。

3. 交一些"生命值"更高的朋友

我喜欢用"生命值"这个游戏词语,你们一定遇到过这种朋友,他的人生节奏比你快,说话快,走路快,效率高,每天有忙不完的事。他们的生命值很长,鹰派中这样的人比较多。

跟这样的人共事,可以学习他们身上的很多你比较欠缺的气质。

4. 练习公开讲话和表演

鸽子不是鹌鹑,鸽子不应该是羞涩的。鸽子行事柔和,为人谦逊。

鸽派可以多锻炼自己在公开场合演讲甚至是歌唱的能力,和鹰派演讲者慷慨激昂的风格相比,鸽派演讲者更加谦逊、柔和,如果再加上一点自嘲,就会是非常出色的演讲者。

《国王的演讲》中艾伯特王子就是典型的鸽派,成为国王的艾伯特最终在战争压力之下走上了鼓舞臣民的演讲台。鸽派一旦掌握了演讲的技巧,往往会成为控制人心的大师。

行事方式的改变会对思维方式产生影响，如果你开始努力追求生活和做事的效率，就很容易逐渐从纯鸽派转向鹰派和鸽派的混合体。

我们只有更勇敢地认识自己，才能让自己变得更好。

强硬而守规矩的人：
鸽派的榜样和挚友

不知道你有没有见过这样一种人：他好像什么困难都应付得了，什么磨难对他来说都不叫事，不管遇到什么狠角色的为难打压，他都能不落下风地对抗。

这种人，有本事。同时，他又不去践踏规则、伤害别人。

这种人，守规矩。他和咄咄逼人的鹰派不一样，他温和，没有侵略性，但是每根骨头都好像钢筋铁骨一般。

这就是强硬而守规矩的人。下面我就给你详细讲讲，他们到底是怎样的人？该怎么和他们结盟为友，借用他们的力量？假如你和这种人起了冲突，应该如何应对？

• 长出骨头的鸽派

鹰派优秀强大，光芒四射，他们对自己和别人都很严格，有时甚至有点咄咄逼人；鸽派行事温和，注重合作和说服，而且坚定可靠，人缘很好。

我在前面讲鸽派的一节中说过，鸽派最终的出路只有一个，那就是做"长出骨头"的鸽派。强硬而守规矩的人，就是长出骨头的鸽派，这种人自古就是中华传统文化中的君子。

这不是我的判断，而是孔子的判断。孔子曾经说过："刚、毅、木、讷，近仁。"刚毅木讷后来演变为一个成语，但是孔子说这番话的时候，它是四个不同的词。刚就是坚强，毅是果断，木是质朴，讷是言语谨慎。

这样的人是什么人？就是强硬而守规矩的人，就是长出骨头的鸽派，是几千年来中国人心目中的理想人格。

有人跟我说："熊师傅，我是鸽派，我什么时候才能成为那种长出骨头的鸽派呢？"我总是会说："别着急，你需要在事上磨炼。"

除了事上长经验，好好修炼自己的心性，还要和自己欣赏的人为伍。有些时候，你可以和人品不佳的人联手，但一定不能和这样的人做盟友或者朋友。而长出骨头的鸽派，就很适合做盟友，即使不做同事，你们以后也可以继续做朋友。

• 如何跟强硬而守规矩的人结盟

那么，该怎样跟强硬而守规矩的人结盟呢？

有句话我觉得特别好，叫作"有趣的灵魂会彼此吸引"。

如果你们是相似的人，那从日常的处事当中彼此一定能够感受得到。

两个人要互相吸引、接近，最重要的就是一个"诚"字。诚恳地跟对方交往，两方就能够亲近起来。如果你抱着讨好、谄媚对方的态度去套路对方，就会让对方非常不安，反而不敢和你交往了。

两个人能够结盟，最重要的一点是确认对方没有恶意，不会给自己带来新的风险。

我给你讲一个春秋年间的故事。晋国有个大夫叫祁奚，也叫祁黄羊，他一直担任中军尉，战时在国君的身边作战。

祁黄羊年纪大了，想要告老辞官，晋悼公问："谁能接替你的职位啊？"

他说："解狐可以接替。"

晋悼公大吃一惊，问他："这不是你的杀父仇人吗？"

祁黄羊说："您问的是谁来接替我合适，没有问谁是我的敌人啊。"

晋悼公明白，祁黄羊是出于公心。但是，后来解狐死了。晋悼公又问祁黄羊："谁能代替你啊？"

祁黄羊就推荐了自己的儿子。

孔子听了之后评价说："对外举荐人不回避自己的仇人，对内举荐人不回避自己的儿子，祁黄羊这个人，一片公心。"

举贤不避亲这个成语，就是从祁黄羊这里来的。

祁黄羊举荐的这个解狐，也做过类似的事情。他曾经推荐自己的仇人为官，这位仇人一听说自己被解狐推荐，觉得解狐一定是想跟自己和解，就去解狐家登门拜访。

没想到，解狐拿着弓箭出来说："我举荐你，是因为你是适合做官的人，咱俩的仇还没有解决，你再不走，我就要射你了。"

祁黄羊和解狐，都有一种强硬而守规矩的特质。他们不愿意跟仇人和解，但把公正评价仇人当作自己必须遵循的规则。他们都是长出骨头的鸽派，这种人是可以互相欣赏的。

我讲这两位的故事，是想告诉你：只要你能够在职场上展示自己的能力、公心，长出骨头的鸽派一定会愿意和你合作。

因为他们认定大利益、规则优先。即使你们未必是盟友，也往往会有脾气相投的默契，这是做鸽派最大的福利。

• 如何借用骨头鸽派的力量

如果你不是鸽派，而是鹰派，在日常交流中比较富有侵略性，那你可能很难和这些强硬而守规矩的人成为盟友。但是，也不是一点办法都没有。

历史上有一段鹰派和鸽派的佳话，那就是战国时期蔺相如和廉颇的友谊。蔺相如是那种强硬的长出骨头的鸽派，但是为了赵国的存续，他愿意忍受廉颇的侮辱，去感化、说服对方跟自己合作。

这种合作有三个条件：长期磨合、一方主动和巨大的外部压力。

先说长期磨合。两方必须有很多的共同利益、业务合作，彼此都无法离开对方，才可能深入了解彼此，成为盟友。

再来看一方主动。双方必须要有极大的耐心，但是鸽派一方可能要更主动一点，去达成和解。

最后就是巨大的外部压力。比如赵国面对秦国的压力，面临生死存亡，这才是蔺相如和廉颇合作的关键。

所以，如果你是一个鹰派，想要和长出骨头的鸽派联盟，不是用小恩小惠收买他们，而是用大局、用集体的利益来说服对方。你甚至可能需要改变一些行事方式，显出你对规则、对对方的尊重，才能让对方成为你的盟友。

• 和强硬而守规矩的人发生冲突怎么办

前边我们说了很多强硬而守规矩的人的优点，但我还要提醒你：不是所有优秀的人都能彼此欣赏，也不是所有的好人都能和平共处。

由于利益点或立场不同，你也有可能和这种人发生冲突，这时该怎么办呢？跟强硬而守规矩的人发生冲突，一定要注意三个不要：不要声高压人，不要用规则外的手段，不要搞个人攻击。

先说不要声高压人。在冲突中希望用气势占上风，不是高明的做法。长出骨头的鸽派，说到底本色还是鸽派，他们对一切具有侵略性的说服都是抗拒的。

再看不要用规则外的手段。用收买、舞弊等行为获得竞争或冲突的胜利，会让强硬而守规矩的人彻底变成你的敌人。他们是聪明人，最恼怒的就是你拿他们当傻子。

最后说说不要搞个人攻击。强硬而守规矩的人，是发育完全的强大鸽派，他们在很多时候，战斗力不亚于鹰派。针对这种人做个人攻击，很难让他们屈服，而且因为他们身边有脾气相投的人，你可能会被一群人看作共同的敌人，或者至少是防备对象。

要解决跟他们的冲突，必须注意三点：充分耐心地讲道理，让解释规则的人做工作，展示现实工作中的苦衷。

先说充分耐心地讲道理。说服工作一定要做，对方是讲理的人，那首先就要围绕规则充分地辩论。

再来看让解释规则的人做工作。既然对方是重视规则的人，当你和他就规则无法达成一致时，那就请出能够解释规则的人。这个人可能是上级领导，也可能是你们系统内的专家，或者是某些行业内的权威规范，能起到避免继续争吵和化解冲突的作用。

最后是展示现实工作的苦衷。这一招对强硬而守规矩的人特别好用，因为他们的底色其实还是鸽派，他们对人还是一种温和友善的态度，也就是我们常说的"吃软不吃硬"。如果你能够用现实难度、办事者的苦衷去说服对方，往往会有奇效。

因为强硬的鸽子也还是鸽子，他悲天悯人的性格还在，这让他有时候会法外施恩。这是他的弱点，对付他的时候，打在这个点上是最准不过的了。

最后，我还想跟你强调一点：强硬而守规矩的人是一种非常优秀的人，但是世界上没有完美无缺的人，优秀的人一定也有自己的弱点。正是因为有弱点，人才可能变得优秀。

如果你是一个鸽派，我劝你放心大胆地去结交那些强硬而守规矩的人，同时去模仿他们，这种人在职场上非常受领导信任。

总结

- 强硬而守规矩的人是长出骨头的鸽子，这种人单纯展示自己的性格、能力，就能收获盟友。
- 鹰派想要跟他们结盟可以主动一点，但更重要的是，你们要有共同利益，都面临巨大的外部压力。
- 如果跟他们发生冲突，可以讲道理、做工作、谈苦衷，不要尝试去以高声压倒对方，因为他们不怕。

温柔体谅的人：
鹰派的刹车和辅助

鹰派光芒四射也咄咄逼人，对自己苛刻，对别人严格。在职场生涯的初期，鹰派员工几乎一路高歌猛进，他们的性格让他们在执行层往往能赢得非常漂亮。

但是，一路顺风顺水的同时，也暗暗埋下许多隐患。因为鹰派太能得罪人了，而且在很多时候，他们缺乏对别人细腻感情的体谅。

当鹰派开始管理一个小团队时，他们往往会有这样的感觉：

"我的下属为什么带不动？"

"我的领导怎么好像丧失了进取精神？"

"难道这世界上，真的就只有我一个想要建功立业的人吗？"

如果让鹰派的领导自己挑选团队，他可能会挑选一支全是鹰派成员的团队。遗憾的是，大多数领导在用人方面存在各种各样的掣肘，有之前留下来的人，也有其他渠道塞进来的人。

假如处理不好这些复杂的关系，一些鹰派会变得消沉，希望到别的地方寻找机会，甚至走上一条不断换岗位、换行业的路。他们每到一个地方，都觉得那个环境里的人不对劲，这么来回跳上几次，雄心万丈的鹰派也就老了。

不过，也有一些鹰派能够很好地解决问题。一些年轻时候咄咄逼人的鹰派，往往在有了更多的经验、阅历之后，体验到采用柔和身段的妙处，变成带着鸽派气质的鹰派，而变得更加厉害。

这些鹰派是怎么成长的呢？有一个简单的方法，那就是把鸽派纳入自己的阵营，让他们来扮演一些角色。

一支全鹰派的队伍，就像是一支只有前锋的球队，能够把弱队轻易打爆，但是很难应对最艰难的岁月。要成事，队伍里就要纳入一些温柔体谅的人。

那么温柔体谅的人有怎样的特点？鹰派领导该如何用好这样的人？如果你想成为这样的人，需要修炼哪些法则？下面我就来给你详细拆解一下。

• 温柔体谅的人拥有强大的共情能力

最近几年，共情被人们看作一种非常优秀的特质。什么是共情？简单来说，共情就是对其他个体感受的理解能力，也被称作"同理心"。

共情能力如何，因人而异。有的人天生就是特别敏感的人，特别在乎别人的感受，而且会主动承担那个体谅别人的角色，天长日久，就会变成一个特别温柔、特别会体谅别人的人。

也有些人共情能力比较差。有的是天生道德感差，也有的是因为疾病导致的社交障碍，他们虽然能正常工作、沟通，但很难读懂别人的表情，也很难和别人共情。

这些共情能力弱的人，想要提升自己的共情能力是非常难的，但也有办法：可以借助伙伴、朋友或助手的力量，去弥补自己共情能力弱的短板。

想要理解所有人、体谅所有人非常难，但是相信一个可信的人，遇事多听听对方的建议，这是可以做到的。

这也有一个大前提，就是这个伙伴必须是你特别信赖的人。对一个鹰派来说，你必须明白，你身边那个温柔体谅的人不是软弱，而是有能理解别人、与人为善的能力。

• 温柔体谅的人如何影响他人

有人问我："熊师傅，人在职场上最有用的本事是什么，是压倒对手的气势吗？"我想了想，还真的不是。

有些东西可能比气势重要，比如亲切。亲切的人有人缘，更容易被周围的人喜欢。

温柔体谅的人，除了本身能够解决现实中的麻烦，还会自然而然地影响身边的人，让对方向他靠拢。

有一些人能够扮演说温柔体谅话语的人,但是真正的温柔体谅,存在于一个人的风度、气质、表情中,这些是演不出来的。

职场上,当一个温柔体谅的人出现在团队中,就会吸引中立同事向他靠拢,逐渐就会出现一个礼貌得体的群体,一些习惯了粗鲁环境的人,也会相应地被捆住手脚,被迫做出改变。

温柔体谅的人是用气质、灵魂去影响身边的人,这种影响是非常有力量的。

鹰派领导该如何用好温柔体谅的人

有些鹰派领导会对温柔体谅的人心存疑虑,觉得他们人缘好,是有声望的人,担心他们可能会拉拢走身边的人。

这绝对是多虑了。职场人都会追随强者,亲近温柔体谅者。

最好的办法,就是把温柔体谅的人拉进自己的体系里,成为自己权力结构的一部分。如果去嫉妒、为难这种性格好的人,就会把他们推到自己的对立面去。

不过,在用这种人的时候,也要注意几个要点:从信任开始,从谏如流,告诉他"你说得很好",一些解释工作可以交给他。

先说从信任开始。用人必须先信任,你要确认对方的忠诚,完全可以先向对方释放善意,尤其当对方是善于体谅的人时。鹰派领导稍微一点善意的表达,都会让对方觉得"已经很不容易了"。

然后说从谏如流。温柔体谅的人在鹰派领导面前，一定是一个辅助角色。只要确定了这个大前提，那面对他们的劝谏就应该和气相待，而不是勃然大怒或者疑神疑鬼。

接下来看看"你说得很好"策略。这句话是对温柔体谅之人的鼓励，也是鹰派人进步的阶梯。其实这话也有玄机：你说得好，但不一定是你的主张对。在肯定对方的态度好、忠心劝诫自己之后，你再说出自己的想法，也能让他们更好地理解你的打算。

最后说说温柔体谅之人最擅长的事情——解释工作。让他们来温柔说服其他成员、解释鹰派领导的良苦用心，这才是最重要的体谅。

所以，不要因为领导是个霸道的鹰派，自己是个温柔的鸽派，就心生疑虑。所有温柔体谅的鸽派，都是团队中的宝藏，鹰派需要鸽派的辅佐。最终，出色的鸽派还可能会成为那个防止鹰派跑偏的"刹车片"。

• 如何修炼成温柔体谅的人

既然温柔体谅的人有这么多的好处，那怎样才能修炼成温柔体谅的人呢？我总结了16个字：鸽派底子、最大善意、不求小利、绝对忠诚。

首先，你得有一个鸽派的底子。鹰派想要温柔一点，这是可以改进的，但是要改成温柔体谅之人，只怕非常难，也不用去勉强。

然后是最大善意。温柔体谅之人一定不是阴谋论者，他们是愿意把人往好的方面解读、愿意主动释放善意、做事留有余地的人。

如果你本身是一个鹰派，很容易攻击那些不如自己的人，那就可以试试在有些地方少说话，别人也能感受到你的善意。

接下来说不求小利。要想成为温柔体谅的人，一定不能锱铢必较而热衷于和别人争名夺利，这种人很难成为温柔体谅的角色。前期吃点亏，后面是可以找补回来的。

最后看对领导的忠诚。无论你如何与人为善，如何希望团结队友，都要牢牢记住最重要的一件事：职场上最重要的关系，就是你和领导之间的关系。

不能因为照顾身边的人，去伤害你领导的利益，质疑他的决定，和他唱对台戏。这样行事，会让你成为一个滥好人。也不能因为你为人温柔敦厚，就去体谅领导的对手。如果你去理解对方、跟对方暗自联系，就践踏了职场上最重要的美德——忠诚。

温柔有底线、体谅有边界，用职场规则框住自己，辅佐自己的领导，才能成为职场上最强大的鸽派，也是最明智的温柔体谅之人。

另外，温柔体谅之人不是只存在于职场上，还会存在于家庭关系、亲密关系中。如果你是一个性格刚猛的厉害角色，那身边有个温柔体谅之人就会特别好。历史上有一个典型的例子，那就是朱元璋和马皇后的组合。

朱元璋是一个非常有能力的人，而且对治理天下特别勤勉，但是性格比较残暴。一直在拉着他的不是别人，正是他的妻子马皇后。马皇后屡屡劝他少杀人、少株连，救了不少人的性命。可以说，大明朝国祚绵延了快 300 年，成为一个历史上重要的大一统王朝，也有马皇后的一份功劳。

总结

- 温柔和体谅的本质是共情，这是一种气质，比语言的力量更大。
- 鹰派领导如果想有更大的成就，就要用好温柔体谅的人，单一鹰派组成的团队很难应付一些艰难的局面。
- 鸽派底子、最大善意、不求小利、绝对忠诚，才能修炼成温柔体谅的人。

职场中的"交际花"：
社恐人不妨交一个这种朋友

你在职场或熟人圈中，可能遇到过这样一种人：自来熟，无论再怎么高冷的人，只要他出马，轻轻松松就能跟对方热络起来。他谁都认识，谁都熟，好像什么事儿都能办。

这几年有人管这种人叫"社牛"，也就是社交牛人。不过对这类人，更常见的是一种带有讽刺意味的说法——"交际花"。

如果你是个害羞或者内向的人，在这种人面前可能会有点不太舒服。一方面你觉得这个人确实有过人之处，让你去变成他，你做不到；另一方面你又隐隐对这个人有点不太喜欢，因为他会让你不太自在。

曾经有人跟我说："熊师傅，我讨厌这种交际花，人还是应该做好自己的事情，苦练内功，我觉得他们太钻营、太会投机取巧了。"

真的是这样吗？下面我就来给你分析一下这种人，看看交际花的本质是什么，你又该怎么和他们相处，甚至是借用他们的力量。

• 三种处理人脉的方式

在职场上或者社交圈里，人际关系一般有三种生态位：引领者、对接者和召集者。

引领者是在一个领域或单位里已经功成名就的人，做事一呼百应。这些人业务能力强，不会为社交苦恼，大家会贴上来做他们的朋友。

对接者则是能在各行各业中布置自己关系网络的人。他们平时不招摇，也不常组局，但是朋友知道他关系多，在他那里可以交换资源。对接者往往会暗暗地观察各种动向，帮助身边的人，所以他们的朋友也很多。

再看召集者，他们往往是性格外向的人，喜欢社交，热衷于高调地召集饭局、聚会，身边人来人往、非常热闹。交际花其实就是人际关系中的召集者，我们来着重说说这一种。

当然了，这三种角色并不是一成不变的。比如过去是对接者的年轻小伙子，可能过了十年功成名就，就成了一个出色的引领者。有的人在上层圈子里是一个跑前跑后的召集者，但是可能在面对年轻的朋友时，就会扮演一个引领者的角色。

和引领者、对接者相比，召集者的社交技巧非常重要。一个好的召集者，不会让人觉得不快或者被冒犯，他会把每个细节都安排好。

有些人会觉得，召集者好像特别谄媚，但这是因为他们的角色就是为大家服务的，他们操持聚会或社交群，就必须照顾好里面的每一位成员。

• 召集者的优点和缺点

召集者有着极强的社交能力，这是他们最大的优势。他们几乎不会因为社交感到恐惧或者有压力，而且几乎是乐在其中。

他们特别会察言观色，能用最快的速度判断出一群陌生人中谁实际执掌权力，应该找谁来聊正事。

他们还非常在乎细节，领导喝了酒，一起身他立刻就会跟上；领导爱吃什么，他一定会让转盘上的那道菜停在合适的位置，让领导动筷子；领导的小孩过生日，他早就把礼物准备好了。

他们做这些事情的时候，并没有"我在拍马屁"之类的负担，因为他就是要照顾所有人的那个人。这种特质使得他们在工作或生活中办事非常容易。

召集者的朋友多不多，这不一定，但是他们的熟人一定是最多的。办点举手之劳的小事，召集者特别有优势。

你可能会说，召集者既然这么强，那最后剩下的人生赢家，不应该全是召集者了吗？别着急，召集者也有自己的短板。

社交这件事，需要投入很多的时间精力成本。你可以看看自己的手机、微信通信录，数数经常联系的人有多少。一个人能够经常维护的朋友关系，大约就是30个。

如果你是一个引领者，你可以在需要用到对方的时候才联系他们，因为你有实力，别人就会买账。如果你是一个对接者，可能有一堆欠了你人情的人，这些人心里会记着，在你需要他们帮助的时候，一定也会出力。引领者就像是有地的财主，对接者就像是有存款的大户。只有召集者，是一个背着许多现金在街头跑动的人。

管理维护大批的熟人，需要付出大量的时间精力，召集者就算再怎么乐在其中，他一天也只有24个小时。在熟人身上投入太多精力，用来学习进步、完善业务的时间就少了。一年两年问题不大，五年十年之后，他就容易和别人拉开差距。你可能会说，交朋友也是一种修行、一种进步啊。没错，这个看法非常对，但是一群长期沉迷于打牌、唱歌、喝酒的人，互相之间可学习的东西就不多了。

大多数的召集者本身起点比较低，热衷于交朋友，其实是因为缺少那种可以支撑自己的关系，才会希望在人群中获得支持。

• 可以和召集者交朋友

如果你是一个比较害羞，甚至有点社恐的人，建议你不妨交一个召集者朋友。你可能会说，他那么多朋友，还缺朋友吗？我可不想往里凑。

这是不对的。召集者虽然擅长运用社交技巧，但他的真朋友很少。他本身长期处于一个服务别人的位置上，也缺乏平等的朋友关系。

当然了，召集者的素质良莠不齐，许多召集者都喜欢夸大自己的能量，用通俗一点的话说就是爱吹牛，对这种人要谨慎一些。

要想和召集者做朋友，最好的办法就是从过往熟悉的关系中挑选合适的人。比如自己的老同学、前同事，你对对方了解得越多，你和他结交的时候就越安全。

召集者能给不擅长社交的人带来新的社会关系，而且这些关系往往是他精心挑选过的。他不会选一大堆没有利用价值的朋友攒一个匄帮，他选中的往往都是聪明、有实力、有价值的人。

从这个意义上说，每个召集者都是一个小型的社交平台。他搭台，熟人们唱戏。如果你总是希望超越召集者，让自己的社交能力比他强，一定会非常苦恼，因为你赢不了。但是如果你把他当作龙门客栈的掌柜，在他的客栈里坐下来谈点生意、见几个朋友，你会发现窗外的景色美极了。

另外，我还要提醒你一下，在跟召集者以及他的熟人交往过程中，尽量避免金钱往来，这件事有风险。因为召集者并没有时间精力去核实每个熟人的底细。

• 如何用好召集者的力量

如果你的下属里有一个召集者，你可以利用他去扩展公司的业务，鼓励他把朋友资源拿出来用在工作上。

但是你心里也要明白，召集者真实的实力，恐怕不如那种一刀一枪、一件件事情办下来的业务骨干。

这不是我的偏见，召集者是一种自古就有的角色。战国时期，赵国的平原君赵胜就是一个典型的召集者。这个人养了许多门客，在六国之间交朋友，看上去热热闹闹，但是军、政两道，他并不擅长。

真正能够守住赵国、抵御强秦的，是蔺相如、廉颇这样的厉害角色。

当时，韩国的上党郡被秦国围攻，守将冯亭不愿意把土地交给秦国，就找到赵国，希望赵国能够接管上党，对付秦国。冯亭的计划其实是让秦国和赵国开战，驱虎吞狼，韩国就能有喘息的机会。

赵王问平原君："送咱们土地，十七座城呢，咱们怎么办？"

平原君大包大揽："要啊，白来的，为什么不要？"

司马迁就曾评价平原君，说他利令智昏，意思是说他因为贪图利益而使头脑发昏。

没想到，赵王真的信了平原君的话。

如果真的要对付秦国，应该是联合各国援军，一起救援韩国上党，而不是为了吞掉上党，自己去对付秦国。

平原君的错误建议是悲剧的开始，到后来蔺相如病危，赵王换掉廉颇、任用纸上谈兵的赵括，导致最终赵国 40 万士兵被杀害。虽然平原君带着门客去各国求救，最终救了赵国，但他的功劳也没法抵消他的错误。

所以，你要知道召集者擅长什么，用好他的所长，至于真正关系核心业务的大事，还是要和团队里坚韧低调、经验最丰富的人商量。

要做这样的决策并不容易，因为召集者往往是能言善辩的人，总会讲出各式各样的理由来说服你。要抵挡他们的说服，你的头脑需要足够清醒。

当然还有一个办法能很好地对抗召集者的影响：给他安排一些足够辛苦、足够下沉的苦差事。这不是欺负或者折磨他们，这对召集者下属的成长其实是有帮助的。他们热衷于仰望星空，那你就可以帮他们脚踏实地。

注意，只有在你是召集者的领导，对方对你信服、忠诚的情况下才可以这么做。如果你和召集者只是普通同事的话，一定不要去提意见让对方"进化"。没有人喜欢这种送上门来的逆耳忠言，也没有人喜欢这种不要钱的教育。

> **总结**
> - 有三种成功的人际关系生态位，引领者、对接者和召集者，"交际花"就是召集者。
> - 召集者有一个非常好的社交平台，和召集者做朋友要谨慎，留神金钱来往。
> - 如果你是领导，下属中有个召集者，可以借用他的社交能力，但是核心业务最好和更有经验的业务骨干商量。

真佛系的人：
你的朋友里一定要有个单纯的人

你在职场或生活中可能遇到过这样的人：他永远都不着急，对他而言，生活似乎永远慢了半拍。跟他合作，虽然他也能在截止日期之前完成任务，但你一直都得提心吊胆。这种人看起来没有名利感，也没有对权力、财富的渴望。

面对这种人，刚开始你可能有点无奈，甚至有点生气。后来你才发现，他们是真的佛系，欲望很低，对奢侈品、豪车、大房子，一概没有兴趣。

他们可能会沉浸在自己的兴趣爱好中，也可能处于一个低欲望的世界里，他的这种纯真就像个孩子，没有什么坏心。

这种人的本质，就是地地道道的心思单纯的人。

有人觉得，这种人是职场上的废物，你就算把他抬到一个管理岗位上，他也是烂泥扶不上墙，未来绝对不会掌权发达，交这样的朋友没用；但也有人认为，这种人内心纯良，不会害你，值得交往。

这种佛系的人是怎么形成的？职场上遇到佛系的人应该怎么办？到底能不能和佛系的人交朋友？下面我就来给你详细拆解一下。

• 什么才是真佛系的人

"佛系"原本是个互联网用语，主要描述的是看淡名利、追求内心平和的生活状态。后来它的含义变得复杂起来，有人把不爱搭理异性、不谈恋爱看作佛系，也有人认为不爱钱、不上进就是佛系，这些都是不对的。

真正的佛系，是一个人性格中的那份单纯，不追逐物欲，本质上是不愿意去麻烦别人、伤害别人、跟别人竞争。而且，佛系的人也不善于取悦自己。

因为这些原因，有些热衷名利的人尤其看不起他们。退出竞争的人，难道还能兴风作浪吗？这么想的人，后来都吃到了苦头。因为对待佛系人的态度，其实就是职场健康程度的晴雨表和风向标。为什么这么说呢？接下来，我就跟你说说这里边的道理。

• 如何对待佛系的同事

要想正确反映指标，咱们就需要找到真佛系的人。在职场上，佛系和没能力是两个完全不同的概念。

佛系同事大多心明眼亮，非常聪明，他们在职场上不显山不露水，不是因为能力不足，而是觉得亮出自己的实力没有意义，他们并不热衷于建功立业。

佛系同事觉得一切竞争、抢夺，都是不值得的。这种观点的形成，有些是因为童年所受教育，但是更多的人天生如此。他们的性格就是回避竞争、回避冲突，不愿意取悦自己，也不愿意讨好别人。

但是，如果一个公司里，其他人对佛系人的态度是吆五喝六、欺凌折磨，一定会导致团队内部的矛盾激化。

所以，对待佛系同事要注意：尊重、不伤害和保护、团结。

对待佛系同事最重要的两个字就是"尊重"：尊重他们的生活方式，不去苛责他们，也不要让他们去争名夺利，因为你几乎没有办法改造他们。

佛系同事不愿意和别人起冲突，他们可能是在领导分配利益时倾向于做出牺牲的那个人。但领导如何安排是领导的事，一个合格的职场人，一定不要主动去伤害佛系同事，伤害他们会极大降低自己的职场风评。我前面也曾提到过职场风评，有人问我："熊师傅，风评这种东西，对不择手段的人来说真的重要吗？"

非常重要。如果你只是想要获得眼前的一次评优、一次提升，你可以无视风评，随便去得罪人、伤害人。但是如果你想走得更远，想要成为一个执掌团队的人，那风评就尤其重要。伤害佛系同事，就是最容易降低风评的一种行为。

那些保持中立的同事，大部分可能敢怒不敢言，但是会对你心怀怨恨，日后你想要上个台阶的时候，这些人就会在关键时刻绊你一脚。还有一小部分中立同事，当时就会跟你反目。

除了不伤害佛系同事的利益，你还要主动保护他们。如果你想要对抗一个难搞的对手，那他欺凌佛系同事，就是一个很好的契机。你通过帮一个人伸张正义、维护利益，可能获得许多中立同事的支持。

• 如何对待佛系下属

如果你是一位领导，有一个佛系下属，你没有办法用利益驱动他，那这个人还能留在团队中跟你一起战斗吗？

不要着急。如果你的团队足够大，佛系下属是有大用处的。他们可以是某些岗位的最佳人选；他们可以成为你的利益分配"信用卡"；他们也能遏制住团队内部的野心家；他们还可以成为你的基础班底。

首先，佛系下属是某些岗位的最佳人选。有一些岗位，非常适合安置佛系下属，比如一些看上去没有那么热闹的岗位，再比如一些没有那么出彩的内勤岗位，或是不太需要创造力的岗位，这些岗位最适合佛系下属。

其次，佛系下属是你的利益分配"信用卡"。这是什么意思呢？一个项目完成，一个年度结束，所有的人都会跟你要好处，你很难摆平。就一个评优机会，那就一定会有人先上，有些人要安排在下一次。你一定会有这种腾挪不开的情况。

这个时候，和佛系下属好好商量，他们是那种愿意让步、帮你一把的人。就像信用卡一样，佛系下属可以给你一个信贷额度，他们愿意晚一点满足。

然后说佛系下属能够遏制住团队内部的野心家。一个团队里，有些人是很有野心的。这些人喜欢煽动周围的人来达到自己的目的，有些年轻同事、年轻下属，很容易一点就着。这个时候，佛系下属的存在，就能调和一下这种氛围，让整个队伍变得没那么容易被点着。

最后，佛系下属可以成为你的基础班底。如果你被提升为一个更高层的管理者，你之前带的团队应该交给谁？

这是一个复杂的话题。如果你之前有一直在栽培的接班人，让他顺利接替你就可以了。但是，如果没有这样合适的人选，偏偏那个部门是一个要害部门，你需要自己直接控制，那你应该让谁来管呢？

答案就是佛系下属。这个时候，听话的、没有野心的人，是更适合的人选。

佛系下属有这么多的好处,那有没有什么需要注意的呢?当然有,你一定要公正地对待佛系下属。刷了佛系下属的"卡",让他们暂时损失自己的利益,你就要及时"还钱"、及时补偿。因为他们只是不争,但是他们不蠢,他们知道谁对自己好,谁对自己不好。

如果公正地给予他们应得的利益,你就会是一个公正的领导。我前面也提到过,领导公正,是智勇双全的表现。下属会拥戴公正的领导,上级也不会随便欺负这种被下属拥戴的人。

如果你尊重、保护佛系下属的利益,凡事都能给他们以公正的对待,那所有认真工作的下属,都会看在眼里,记在心里。这就是为什么我说,对佛系者的态度,是职场健康状况的晴雨表。

• 职场上可以和佛系的人交朋友吗

说了佛系的人这么多的好处,你可能会说,明白了,我这就去和佛系同事做朋友。

我得赶紧拦住你,别急。佛系的人确实可以是特别好的朋友,但是别忘了,还有一个优先级更高的真理:不要在职场上交朋友。

把佛系同事当朋友倾诉也会有泄密风险。佛系同事也许对你没有坏心眼,但职场上,每个人都不仅是自己,身后都是一股势力。

领导可能会利用佛系同事的单纯，来打听很多内部动向。你要是跟佛系同事倾诉许多自己家里的事情、内心深处的真实想法，多少还是有些风险的。

佛系同事也许主观上没有出卖你的意思，但要让他们对领导撒谎、让他们保护你、替你掩饰，都很困难。

你可能会说，大家看起来都和这个人关系不错，我去打听打听其他人的消息，应该是个好主意吧。千万别这么想。在很多时候，你在打听谁的消息，本身就是一条非常重要的信息。

此外，如果佛系同事真的会跟你泄露别人家的事，这个人还是真的佛系吗，还是真的朋友吗？

佛系同事是挺好的逛街伙伴、饭搭子，生活上互相关心一下是没问题的。你的生活中也要有一个佛系朋友，但是最好不要在职场上跟人过于交心，等你们不在一个公司再深入交往会更好。

总结

- 佛系同事最重要的特点是低竞争欲望和弱侵略性。
- 对佛系的人的态度是职场健康状况晴雨表，尊重、保护佛系同事，能提升自己的职场风评。
- 给佛系下属安排合适的岗位，用好他们能事半功倍。
- 别在职场上交朋友，哪怕对方是佛系同事也不行。

为人民服务的人：
提供价值才是我们成长的终极目标

我之所以把"为人民服务"的人放在最后一节，因为这是许多人容易忽视的一个伟大目标，多少人就是因为不把这五个字当回事，才最终沦为权力和金钱的奴隶。

为人民服务，不是口号，而是对自己的一种要求。

如果仅仅把这五个字当成大道理或者一句口号来看待，你在职场上就会陷入什么都不信的状态。没有理想，就难以定位目标，你必然会陷入迷茫。如果把为人民服务当作一个行事原则，那你就会发现自己心明眼亮，有了前进的方向。

用更现代一点的表达方式，为人民服务其实就是"为他人提供价值"。只有为别人提供价值，才能实现自己的价值。我们在职场上提高自己的业务能力、改善自己的社交方式，对公司而言，就是为组织提供更多更好的价值。所以，为人民服务的人，本质上其实就是价值提供者。

那么，价值提供者应该坚守哪些原则？如何成为一个优秀的价值提供者？下面我就来给你讲解一下。

• 价值提供者的翻身之路

职场人大多都是从没有资源、没有人脉开始的，在职场的头几年，我们用劳动、时间、精力去交换薪酬、经验和各种提升的机会，我们就是作为价值提供者存在的。

等到几年之后，你能提供的价值超过了你创造的价值，这个时候，职场倦怠就会出现了：有时工作是自己做的，功劳却被领导拿去、同事抢走了；谈起工作时，只能频频叹气，说一句"没劲"。

这时你的角色就需要改变，你和公司或团队的关系可能要重建。这种重建可能会在组织内部完成，这就是升职加薪；也可能会在组织之外完成，这就是跳槽。总之，要么升职加薪评级，要么出去寻找机会，交换自己才能恢复内心平衡。

如果你成功和公司重建了价值关系，那你可能就会表现出一种不同的面貌：过去你的角色更像是单纯的价值提供者，现在你有了更高的议价能力，有的人可能开始带小团队，有些人可能到了资深业务骨干、高级顾问、专家之类的级别。无论如何，你都不再只是一个价值提供者，而是一个职场进阶玩家了。

有的人可能会想："我现在是个老家伙了，再也不要像新入行的时候一样，受人欺负，死命干活了，我想不干活就不干活，看谁还敢说什么。"

这样想的人不在少数，觉得没有经验时扮演价值提供者，什么活儿都干；年纪长了、资历深了，就可以挑活儿，甚至可以躺平混日子了。真的是这样吗？

• 价值提供者是一种终身角色

这么想的人，往往是把价值提供者的角色看成是一种职场上的未成年形态，这是不对的。一个人资历深了、级别高了，他和公司、领导之间的博弈会更高级。不再是过去"命令—执行"的模式，而是成为"命令—探讨—执行"的模式，这是没问题的。

但是，"探讨"这个环节的出现，不是让你推托、让你躺平的。恰恰相反，资深职场人有"探讨、争议"的权限，是因为一个公司或团体，需要成员有自由做主的权限，才能更好地完成任务。

你可以观察一下身边那些能力强、被人佩服的领导，他们能够和级别更高的领导争论、冲突，不是为了抖威风或不干活。冲突的特权，是为了让他们把事情做得更好，让他们更有效地为公司提供价值。

所以，如果你只是想成为一个可以对抗别人的职场玩家，志向未免太小了。在职场上要想走得更远，完全躺平或者变得不好惹，都不是什么好主意。相反，在自己的级别高了、资历深了之后，仍然像刚入行时一样，琢磨如何更好地为这个团队或公司提供价值，才能够摆脱停滞，继续前行。

价值提供者是一种终身角色，持有这种心态的人才能在职场上持续进步。我们经常会说一个人不忘初心，其实说的就是他一直都坚持做一个价值提供者。

• 价值提供者和职场斗争不矛盾

你可能会说，熊师傅，我做一个价值提供者，是不是就不能和别人在职场上有冲突了？毕竟为人民服务，"任劳任怨"是特别重要的，如果我因为愿意工作、热爱集体，就变得必须忍气吞声、被人欺负，这不是太亏了吗？

这种看法非常有代表性，不少人都有类似的误解，但这种想法是不对的。

价值提供者不是讨好者。价值提供者的心里装着公司、集体，如果是在机关或者事业单位，可能还要把人民利益和国家利益放在第一位。但这并不意味着你就不能和同事有冲突，也不是要你丧失自我，你仍然可以主张自己的利益，两者并不矛盾。

举个例子，东汉末年，曹操手下有两位将军，两人的关系非常紧张。一个是性格沉稳的李典，出身豪强家族，追随曹操多年，读过书，用兵谨慎；一个是豪迈勇猛的张辽，出身贫寒，他是边地的勇士，打仗果断坚决，但在李典眼里难免有点轻率。

孙权进攻合肥的时候，曹操安排张辽做主将，李典做他的副将，两人放下多年的积怨一起共事。但是打完仗之后，两个人并没有做朋友。合不来就是合不来，把事情做成，给老板、给公司提供价值就可以了，干吗非要你好我好，一团和气？

这就是成熟职场人的社交态度。因为公心、集体的利益，和同事发生争论，非常正常。大多数因为如何把事情做好而起的争论，都是正常的批评建议，不是挑事儿。

大家都想把事情做好，争议的是如何把事情做好，为此我们可能会说一些气话，起一些冲突，只要不去污蔑中伤对手、伤害集体利益、违背法律法规，职场争论甚至是可控的斗争，都是可以接受的。

如果理解了这一点，那你作为一个价值提供者，就不会在冲突中变得软弱，反而会变得更加强大。如果你认识到双方的冲突，是更好地为公司、为集体、为人民服务，你也会变得更硬气、更勇敢。

• 如何成为一个优秀的价值提供者

那么，怎样才能成为一个优秀的价值提供者呢？我给你三个建议：主动、持久和有大局观。

先说主动。有时候我会看见一些年轻人，把工作看成是简单的"剥削""压迫"，认为黑心老板就是想让自己多干活，会对努力工作的人冷嘲热讽。这种人看似聪明，其实是最糟糕的人。

公司或者整个部门，相对于个人来说，是庞然大物，所以转身慢、掉头慢。作为更灵活的个人，只有更主动、更努力，才能推动它前进或转身。

自己躺平了，等着这些庞然大物改变、进步之后来带动你，那会来不及的。忙事业确实什么时候都不晚，但是效率最高、体力最好的，就是年轻时候的那几年。

接下来说持久。成为价值提供者是一个长期策略，如果你总是间歇性地发奋努力，只会被大家当成一个高度情绪化的人。

价值提供者是你在职场上的人设，也是你修炼自己、让自己进步的目标，如果三天打鱼两天晒网，是没办法给组织提供价值的。价值提供者就像持续发电的电站一样，稳定输出是个体对公司最大的价值。

接下来说有大局观。价值提供者不仅为公司提供价值，也会为身边的人提供价值。你要考虑你的每个动作,对领导、盟友、中立同事是不是有正面意义,这些利益如果出现了冲突,或者完全相反,你又该如何与大家相处?这就需要分清主次,明白什么事往前放、什么事往后放,有的时候可能必须得罪一些人,才能实践自己的信念。

要为大家提供价值,这是一个绝对的真理。

总结

- 职场新手都是价值提供者,变成资深职场人士之后,议价能力会提升。
- 如果你能够在变强后仍然坚持做价值提供者,会有更远大的前途,价值提供者是一个终身角色。
- 好的价值提供者一样可以在职场上与别人有竞争冲突。
- 要成为好的价值提供者,你需要主动、持久和有大局观。